云南省气象信息员培训教材

云南省气象局 主编

气象出版社
China Meteorological Press

内容简介

本书介绍了气象基本知识，气象灾害及气象次生（衍生）灾害的种类、产生、特点，云南省天气气候概况，云南省八类气象灾害风险区划及防御措施，云南省三类气象次生（衍生）灾害风险区划及防御措施，云南省十二类气象灾害预警信号的含义及处置措施，气象信息员的工作职责等七个部分的内容。本书可作为社会公众与基层气象灾害防御工作者了解气象知识、气象灾害，更好地使用气象灾害预警预报信息，增强气象防灾减灾避灾意识和能力的工具书和参考读物。

图书在版编目(CIP)数据

云南省气象信息员培训教材/云南省气象局主编.
北京：气象出版社，2009.8 (2014.9 重印)
ISBN 978-7-5029-4793-4

Ⅰ.云… Ⅱ.云… Ⅲ.气象—技术培训—教材 Ⅳ.P4

中国版本图书馆 CIP 数据核字(2009)第 125819 号

出版发行：气象出版社
地 址：北京市海淀区中关村南大街 46 号 邮政编码：100081
总 编 室：010-68407112 发 行 部：010-68409198
网 址：http://www.cmp.cma.gov.cn E-mail：qxcbs@cma.gov.cn
责任编辑：张锐锐 李太宇 终 审：阳世勇
封面设计：博雅思企划 责任技编：吴庭芳
印 刷：北京京科印刷有限公司
开 本：880 mm×1230 mm 1/32 印 张：3.875
字 数：110 千字
版 次：2009 年 8 月第 1 版
印 次：2014 年 9 月第 2 次印刷
定 价：10.00 元

序

建设农村气象信息员队伍，是建立“政府主导、部门联动、社会参与”的防灾减灾体系，落实防灾减灾能力建设措施的内在要求，也是广泛开展群众性、基础性、社会性科普活动，加大科技知识在农村的传播速度和覆盖广度的基础性工程。加强农村防灾减灾能力建设，建立和完善灾害预警体系，强化防灾减灾的决策指挥和灾情评估工作，充分发挥气象对农业生产和农民生活服务的作用，宣传普及防灾减灾知识，提高灾害处置能力和农民避灾自救能力，农村气象信息员都可以发挥不可替代的重要作用。担负向广大农村传播农业气象服务产品和防灾减灾预警信息任务的气象协理员、农村气象信息员，是公共气象服务向农村延伸的至关重要的节点和辐射源，最终将担负起帮助气象信息传输走完“最后一公里”的使命。

云南气象灾害种类多，灾害分布广，季节性、区域性突出；云南山地面积广，农民居住地高度分散，这两个方面都是制约气象服务产品和防灾减灾预警信息接收、传播的不利因素。从云南的基本省情和农业发展仍然处在攻坚阶段的特征来看，加快改造传统农业、走有云南特点农业现代化道路，对天气气候条件的依赖程度更高；发挥气象对农业生产和农民生活服务的作用，提高农民的科学素养，对综合气象信息的需求更加广泛；加强农村防灾减灾能力建设，迫切需要解决灾害预警信息发布“最后一公里”瓶颈等问题。所以，把基本公共服务资源向农业农村倾斜，在全省农村全面铺开气象信息员队伍建设，是当前亟待加强的一项工作。

气象科学技术具有较强的专业性和较广泛的应用性。云南低纬高原山地气候具有种类多、局地天气现象复杂多变、气象灾害点多、面广、地带性分布规律不明显等特点。这就对于兼职的气象信息员的科技素养和宣传组织能力提出了新的要求。充分发挥气象信息员的作用，迫切需要组织开展针对性强的培训工作。帮助信息员队伍在协助各级政府、社区、个人有效开展防灾、减灾、避灾工作，开展农业气象知识的宣传和应用普及，及时报告反馈各种灾害性天气和局地突发天气的实时信息以及灾情等方面，不断提高工作技能和服务水平。同时，编写一本不可替代的云南乡土培训教材，对于追求培训效能的最大化，增强培训工作的针对性显得十分必要。

在云南省气象局科技减灾处的精心组织下，经过有关专家和科技人员的辛勤工作，《云南省气象信息员培训教材》正式出版。在本书编写过程中，云南省气候中心、云南省气象台、云南省气象学会、曲靖市气象局进行了大力支持和帮助。总体看来，这本教材体现了云南的特点，同时，又吸收了国内先进省（区）同类培训教材的长处，基本上达到了预定的目标。我相信，经过全省各级气象部门的不懈努力，云南气象信息员队伍必定在提高人民群众的防灾减灾意识和避灾能力，推动人民群众综合素质普遍提升等方面发挥关键性的作用。

程建刚*

2009 年 6 月 8 日

* 程建刚，云南省气象局副局长

本书编写组

组　长:杨向东
副组长:王建彬　王学锋
成　员:李　燕　刘　瑜

目　录

1　气象基本知识

1.1　主要气象要素

气象要素指表明大气物理状态、物理现象以及某些对大气物理过程和物理状态有显著影响的物理量。主要有：气温、气压、风、湿度、云、降水、蒸发、能见度、辐射、日照以及各种天气现象。

1.1.1　气温

气温是表示空气冷热程度的物理量、日常天气预报中所说的气温是指位于气象观测场中 1.5 m(米)高度的百叶箱内测得的空气温度。在我国,气温用摄氏度(℃)表示。气温有定时气温、日最高气温、日最低气温、日平均气温。日最高气温一般出现在午后 14 时左右,日最低气温一般出现在凌晨日出前。

1.1.2　降水

降水是指从天空降落到地面上的液态或固态(经融化后)的水,以在水平面上积累的深度表示降水量,单位为 mm

(毫米),取一位小数。1 mm降水相当于1亩*地浇约667 kg(千克)的水。固态降水有雪、冰粒、冰雹等。雨和雪的混合降水在天气预报中称为雨夹雪。降雪大小用降雪量和积雪深度来表述,降雪量和雨量一样也用 mm 表示,是将承接到的降雪融化后量得的;积雪深度是在平坦开阔的地面上直接用尺子量出来的,单位是 cm(厘米),简称雪深。还可通过称取一定面积上的积雪测出雪压,单位是 g/cm^2(克/平方厘米),而冰雹以个体的直径表示,直径用长度单位 mm 或 cm 表示。

1.1.3　风

空气类似水从高向低流动,空气从高压流向低压,但在自转的地球上,偏离了气压变化方向,在上空几乎沿高压线方向流动。空气的水平运动产生的气流,称为风。风以风向和风速两个参数来描述,分别表示空气流动的方向和速度。风向是指风吹来的方向,如果风从北方吹来就称为北风。风速就是单位时间内空气流动所经过的距离,以 m/s(米/秒)、km/h(千米/小时)等速率单位表示。风速大小也可用风力等级表示,最早(1805 年)由英国人蒲福提出,目前国际上仍采用蒲福风级演变而来的分级标准以及近海岸船舶征象和陆上地物征象。风级与距离地面10米高处相当的10分钟平均风速列如表1.1。

* 1亩＝1 $hm^2/15$

表 1.1 风力等级表

等级	名称	速度(m/s)	现象
0 级	静风	0.0～0.2	烟直上
1 级	软风	0.3～1.5	烟能表示风向
2 级	轻风	1.6～3.3	人面感觉有风,树叶有微响
3 级	微风	3.4～5.4	树的微枝摇动不息,旗子展开
4 级	和风	5.5～7.9	能吸起地面灰尘和纸张,树的小枝摇动
5 级	轻劲风	8.0～10.7	有枝的小树摇摆,内陆水面有小波
6 级	强风	10.8～13.8	大树枝摇动,电线呼呼有声,举伞困难
7 级	疾风	13.9～17.1	全树摇动,大树枝弯下,迎风步行不便
8 级	大风	17.2～20.7	折毁树枝,人向前行走感觉阻力很大
9 级	烈风	20.8～24.4	烟囱及平房顶受到损失,小屋遭受破坏
10 级	狂风	24.5～28.4	陆上少见,可使树木拔起或将建筑物摧毁
11 级	暴风	28.5～32.6	陆上很少,有则重大毁坏
12 级	飓风	32.7～36.9	陆上绝少,其摧毁力极大
13 级		37.0～41.4	
14 级		41.5～46.1	
15 级		46.2～50.9	
16 级		51.0～56.0	
17 级		56.1～61.2	
18 级		≥61.3	

1.1.4 湿度

湿度一般指的是空气湿度,表示空气中水汽含量和潮湿程度。湿度的大小用水汽压、相对湿度、露点温度等表示。在天气预报中,常用到相对湿度,相对湿度用百分数(%)表示。一般人体在45%～55%的相对湿度下感觉最舒适,在炎热的天气之下,空气湿度较大时会妨碍汗水的挥发,使人(动物)感到更热。

1.1.5 气压

气压是指作用在单位面积上的大气压力，也就是单位面积上向上延伸到大气上界的垂直空气柱的重量，气象上常用hPa（百帕）作为气压的单位（压强），并把不同地方的气压值换算至同一高度（如海平面）进行比较。一般来说高压区内天气较好，低压区内天气较差。

1.1.6 日照

日照是指太阳在一地实际照射的时数，通常以h（小时）为单位。日照时数也称实照时数，由于纬度不同、季节变化和气候差异，加之又有晴天、雨天、阴天的区别，各地日照时数有很大的差别。日照的长短对植物的生长和休眠有着重要的作用，它是分析植物生长的一个常用气象要素。

1.1.7 云

云是悬浮在上空大量的水滴或冰晶的聚集体，是地球上庞大的水循环的有形的结果，雨雪降自云中。常规气象观测中要测定云状、云高和云量。气象上按云的外形特征、结构特点和云底高度，将云进行分类。云主要有高、中、低云三大类。

云是天气的“相貌”，天上挂什么云，就有什么天气，云的形状可以表现短时间内天气变化的动态。由于云是用肉眼可以直接看到的现象，所以关于它的谚语最多，如“天上钩钩云，地上雨淋淋”；“天有城堡云，地上雷雨临”；“天上扫帚云，三天雨降临”等。

1.2 天气现象

天气现象是指发生在大气中的各种自然现象，即某瞬时大气中各种气象要素（如风、云、雾、雨、雪、霜、雷、雹等）空间分布的综合表现。一般可分为降水、地面凝结、视程障碍、雷电等天气现象。

1.2.1 降水现象

降水现象主要有雨、阵雨、毛毛雨、雪、阵雪、雨夹雪、阵性雨夹雪、霰、米雪、冰粒、冰雹等。

雨：滴状的液态降水，下降时清晰可见，强度变化较缓慢，落在水面上会激起波纹和水花，落在干地上可留下湿斑。

阵雨：开始和停止都较突然、强度变化大的液态降水，有时伴有雷暴。

毛毛雨：稠密、细小而十分均匀的液态降水，下降情况不易分辨，看上去似乎随空气微弱的运动漂浮在空中，徐徐落下。迎面有潮湿感，落在水面无波纹，落在干地上只是均匀地润湿，地面无湿斑。

雪：固态降水，大多是白色不透明的六出分枝的星状、六角形片状结晶，常缓缓飘落，强度变化比较缓慢。温度较高时多成团簇状降落。

阵雪：开始和停止都较突然、强度变化大的降雪。

雨夹雪：半融化的雪（湿雪），或雨和雪同时下降。

阵性雨夹雪：开始和停止都较突然、强度变化大的雨夹雪。

霰:白色不透明的圆锥形或球形的颗粒固态降水,直径约2～5 mm,下降时常呈阵性,着硬地常反跳,松脆易碎。

米雪:白色不透明的比较扁、长的小颗粒固态降水,直径常小于1 mm,着硬地不反跳。

冰粒:透明的丸状或不规则的固态降水,较硬,着硬地一般反跳。直径小于 5 mm。有内部还有未冻结的水,如被碰碎,则仅剩下破碎的冰壳。

冰雹:坚硬的球状、锥状或形状不规则的固态降水。雹核一般不透明,外面包有透明的冰层,或由透明的冰层与不透明的冰层相间组成。大小差异大,大的直径可达 10 mm,常伴随雷暴出现。

气象上用降水量来区分降水程度,具体描述如下:

小雨:雨点清晰可见,没漂浮现象;落地不四溅;洼地积水很慢;屋上雨声微弱,屋檐只有滴水;12 小时内降水量小于 4.9 mm 或 24 小时内降水量小于 9.9 mm 的降雨过程。

中雨:雨落如线,雨滴不易分辨;落硬地四溅;洼地积水较快;屋顶有沙沙雨声;12 小时内降水量 5～14.9 mm 或 24 小时降水量 10～24.9 mm 的降雨过程。

大雨:雨降如倾盆,模糊成片;洼地积水极快;屋顶有哗哗雨声;12 小时内降水量 15～29.9 mm 或 24 小时内降水量 25～49.9 mm 的降雨过程。

暴雨:凡 24 小时内降水量超过 50 mm 的降雨过程统称为暴雨。根据暴雨的强度可分为:暴雨、大暴雨、特大暴雨三种。暴雨指 12 小时内降水量 30～69.9 mm 或 24 小时内降水量 50～99.9 mm 的降雨过程。大暴雨指 12 小时内降水量 70～139.9 mm 或 24 小时内降水量 100～249.9 mm 的降雨过程。特大暴雨指 12 小时内降水量大于 140 mm 或 24 小时内降水量大于 250 mm 的降雨过程。

小雪：能见度在 1000 m 以上，12 小时内降雪量小于 0.9 mm（折合为融化后的雨水量，下同）或 24 小时内降雪量小于 2.4 mm 的降雪过程。

中雪：能见度在 500～1000 m，12 小时内降雪量 1.0～2.9 mm或 24 小时内降雪量 2.5～4.9 mm 或积雪深度达 3 cm 的降雪过程。

大雪：能见度在 500 m 以内，12 小时内降雪量 3.0～5.9 mm 或 24 小时内降雪量 5.0～9.9 mm 或积雪深度达 5 cm 的降雪过程。

暴雪：能见度在 100 m ，12 小时内降雪量大于 6.0 mm 或 24 小时内降雪量大于 10.0 mm 或积雪深度达 8 cm 的降雪过程。

1.2.2 地面凝结现象

地面凝结现象包括露、霜、雨凇、雾凇四类。

露：水汽在地面及近地面物体上凝结而成的水珠（霜融化成的水珠，不记露）。

霜：水汽在地面和近地面物体上凝华而成的白色松脆的冰晶，或由露冻结而成的冰珠，易在晴朗风小的夜间生成。

雨凇：过冷却液态降水碰到地面物体后直接冻结而成的坚硬冰层，呈透明或毛玻璃状，外表光滑或略有隆突，也称冻雨。

雾凇：空气中水汽直接凝华，或过冷却雾滴直接冻结在物体上的乳白色冰晶物，常呈毛茸茸的针状或表面起伏不平的粒状，多附在细长的物体或物体的迎风面上，有时结构较松脆，受震易塌落。

1.2.3 视程障碍现象

视程障碍现象主要有雾、轻雾、吹雪、雪暴、烟雾、霾、沙尘暴、扬沙、浮尘等。它们的定义是：

雾：大量微小水滴浮游在贴地的空中，常呈乳白色，使水平能见度小于1000 m。根据雾的浓度可分为三个等级，雾，能见度500 m到小于1000 m；浓雾能见度50 m到小于500 m；强浓雾：能见度小于50 m。

轻雾：微小水滴或已湿的吸湿性质粒所构成的灰白色的稀薄雾幕，使水平能见度大于等于1000 m至小于10000 m。

吹雪：由于强风将地面积雪卷起，使水平能见度小于10000 m的现象。

雪暴：大量的雪被强风卷着随风运行，并且不能判定当时天空是否有降雪。水平能见度一般小于1000 m。

烟幕：大量的烟存在空气中，使水平能见度小于10000 m。城市、工矿区上空的烟幕呈黑色、灰色或褐色，浓时可闻到烟味。

霾：大量极细微的干尘粒等均匀地浮游在空中，使水平能见度小于10000 m的空气普遍混浊现象。霾使远处光亮物体微带黄、红色，使黑暗物体微带蓝色。

沙尘暴：由于强风将地面大量尘沙吹起，使空气相当混浊，水平能见度小于1000 m。按照能见度的大小可将沙尘暴的强度分为沙尘暴、强沙尘暴、特强沙尘暴三个等级。

扬沙：由于大风将地面尘沙吹起，使空气相当混浊，水平能见度大于等于 1000 m 至小于 10000 m。

浮尘：尘土、细沙均匀地浮游在空中，使水平能见度小于 10000 m。浮尘多为远处尘沙经上层气流传播而来，或为沙尘暴、扬沙出现后尚未下沉的细粒浮游在空中而成。

1.2.4 雷电

雷电一般有雷暴、闪电、极光等三种，其定义为：

雷暴：是积雨云云中、云间或云地之间产生的放电现象，表现为闪电兼有雷声，有时也可能只听见雷声而看不见闪电，可根据大气的不稳定性及不同层次里的相对风速把雷暴分为单体雷暴、多单体雷暴和超级单体雷暴三种。

闪电：是积雨云云中、云间或云地之间产生放电时伴随的电光，但不闻雷声。根据闪电形状可分为线状闪电、带状闪电、球状闪电、联珠状闪电。

极光：在高纬度地区（中纬度地区也可偶尔见到）晴夜见到的一种在大气高层辉煌闪烁的彩色光弧或光幕。亮度一般像满月夜间的云。光弧常呈向上射出活动的光带，光带往往为白色稍带绿色或翠绿色，下边带淡红色；有时只有光带而无光弧；有时也呈振动很快的光带或光幕。

1.2.5 其他天气现象

其他天气现象有大风、飑线、龙卷、结冰、尘卷风、冰针、积雪等。

大风：瞬时风速达到或超过 17.2 m/s（或目测估计风力达到或超过 8 级）的风。

飑线：突然发作的强风，持续时间短促。它出现时，瞬时风速突增，风向突变，气象要素随着亦有剧烈变化，常伴随雷雨出现。

龙卷：一种小范围的强烈旋风，从外观看，是从积雨云底盘旋下垂的一个漏斗状云体，有时稍伸即隐或悬挂空中；有时触及地面或水面，旋风过境，对树木、建筑物、船舶等均可能造成严重破坏。

尘卷风：因地面局部强烈增热，而在近地面气层中产生的小旋风，尘沙及其他细小物体随风卷起，形成尘柱。很小的尘卷风，直径在两米以内，高度在十米以下的不记录在气象观测表内。

冰针：漂浮于空中的很微小的片状或针状冰晶，在阳光照耀下，闪烁可辨，有时可形成日柱或其他晕的现象，多出现在高纬度和高原地区的严冬季节。

积雪：雪（包括霰、米雪、冰粒）覆盖地面达到气象站四周能见面积一半以上。

结冰：指露天水面（包括蒸发器的水）冻结成冰。

1.3 天气知识

1.3.1 天气、气候概念

(1)天气

天气是一定区域短时段内的大气状态（如冷暖、风雨、干湿、阴晴等）及其变化的总称。天气过程就是一定地区的天气现象随时间的变化过程。

(2)气候

气候是地球上某一地区长期(多年)的天气特征,是较长时期内各种天气过程的综合表现。气象要素(温度、降水、风等)的各种统计量(均值、极值、概率等)是表述气候的基本依据。气候除具有温度大致按纬度分布的特征外,还具有明显的地域性特征。按水平尺度大小,气候可分为大气候、中气候和小气候。

(3)气候变化

经过相当一段时间的观察,在自然气候变化之外由人类活动直接或间接地改变全球大气组成所导致的气候改变。

(4)气候类型

由于热量与水分结合状况的差异,或水分季节分配不同,或有巨大的山地、高原存在,在同一个气候带内,还存在一定差异,可进一步划分若干气候类型。

云南地处低纬度地区,形成了年温差小,四季不明显的低纬气候;我省南近海洋,北倚青藏高原,冬、夏半年控制我省的气团性质截然不同,又形成了我省冬干夏雨、干湿分明的季风气候;云南地形地貌复杂,拔海高差悬殊,气候垂直差异十分显著,在我省形成丰富多彩的气候类型。

1.3.2 天气系统

(1)气旋(低气压)、反气旋(高气压)

大气也像江河一样,有各种不同的漩涡,它们随着主流,一边旋转,一边前进。在北半球,空气环绕某一中心作反时针方向旋转的大型空气旋涡,称为气旋,气旋中心是低气压。空气环绕某一中心作顺时针方向旋转的大型空气旋涡,称为反气旋,反气旋中心是高气压。

不同的天气现象是不同的天气系统产生的。气旋和反气旋是两种最基本的大型天气系统，影响范围很广。气旋、反气旋的形成和移动对广大地区的天气有很大影响。

在气旋区里，气流自外向内辐合汇集，气流挟带着地面空气层中的水汽上升，到高空冷却凝结，形成云雨。因此，气旋区内的天气一般都是阴雨天气。在反气旋区里，气流自内向外辐散，盛行下沉气流，一般都为晴好天气。我国地处中纬度地区，气旋和反气旋活动都相当频繁。

云南省许多天气变化，都是受气旋反气旋影响形成的。例如：位于太平洋西部的副热带高压是影响云南天气变化的主要系统之一，它的强弱及位置变化是我省预报员进行夏半年天气预报的主要考虑因子；孟加拉湾低压系统是影响云南地区的重要降水天气系统，初夏孟加拉湾风暴的建立和我省雨季开始期的建立关系密切；产生于青藏高原东南侧的西南低涡，常常在夏季发展并移出涡源地区，给所经过之处带来大雨、暴雨。

（2）锋面

锋面就是冷暖气团的交界面，是温度、湿度等物理性质不同的两种气团的交界面，或者叫做过渡带。锋面与地面的交线，称为锋线，也简称为锋。锋面的长度与气团的水平距离大致相当，由几百千米到几千千米，宽度比气团小得多，只有几十千米，最宽的也不过几百千米。垂直高度与气团相当，几千米到十几千米。锋面附近天气变化剧烈，因此当锋面经过时，常出现大风、降水。

根据锋面移动过程中冷暖气团所占主次地位，可分为冷锋、暖锋、静止锋和锢囚锋。冷锋指冷空气势力比暖空气势力强，冷空气推着锋面向暖空气区移动，这时的锋面叫“冷锋”。如冬季、初春、秋季冷空气爆发南下形成的冷锋常给我省大范围地区带来大风、降温和雨雪天气。反之，如果暖空气势力比冷空气势力强时，推动锋面从暖区向冷区移动，这种锋面叫做“暖锋”。而当冷、暖空气势力相当时，锋面处于近乎静止状态，这时的锋面叫做“静止锋”，静止锋停留的地区，常常形成长时间的阴雨天气。如形成于我国低纬高原东侧的昆明准静止锋是影响我省东北地区天气的一个主要系统。当冷空气南下时，由于高原东部山地的阻挡作用而在川南、滇东北、黔西一带滞留，形成准静止状态的锋面，造成锋前的昆明等地阳光灿烂、锋后的贵州阴雨连绵的天气。锢囚锋是冷锋和暖锋或者两条冷锋合并而成的锋，它的天气保留着原来两条锋的一些特征。我国锢囚锋主要出现在锋面频繁活动的东北、华北地区，以春季较多。

(3)槽

从低压区中延伸出来的狭长区域称为低压槽，简称为槽，槽中的气压值比两侧的气压要低。在天气图上，低压槽一般从北向南伸展；凡从南向北伸展的槽称为倒槽；从东向西伸展的槽称为横槽。槽中各条等压线最大弯曲处的连线称为槽线。在对流层的中下部，低压槽附近的气流呈辐合上升的形式，故在低压槽附近易产生气旋等天气系统，并常伴有雨雪、大风、降温等天气。例如：500 hPa 南支西风气流上的短波槽，即我们常说的南支槽。其前对应有辐合上升运动和降水区，槽后则对应辐散下沉气流，天气晴朗。南支槽是影响云南乃至整个低纬高原地区天气的主要系统，是云南干季产生降水的主要天气系统，并且对整个长江以南地区都有着十分重要的影响。

(4)切变线

呈气旋(北半球逆时针方向)性转变的两股不同方向水平气流的分界线称为切变线。在天气图上,表现为风向的不连续线。在天气学中,切变线一般是指低空 850 hPa 或 700 hPa 等压面上的天气系统。在切变线上,经常存在气流的水平辐合和上升运动,容易产生云雨天气。切变线一年四季均可出现,但以春末夏初最为频繁。切变线上的降水量分布很不均匀,常在辐合较强,水汽供应充沛的地区形成暴雨。出现在成都一昆明间、700 hPa 等压面上准东西向的气旋式风场不连续线,我们称之为川滇切变线。它是低纬高原地区主要的降水天气系统,夏季常与其他中小尺度天气系统结合而产生大雨、暴雨天气,冬季又相伴昆明准静止锋造成阴雨天气。

1.3.3 常见气象名词

(1)厄尔尼诺(EL Nino)

厄尔尼诺是指赤道东太平洋每隔几年发生一次的大范围海表温度异常增温现象。当赤道(5°N～5°S)东太平洋150°～90°W 海域连续 6 个月以上海表温度异常偏高超过0.5℃时,被称为一次厄尔尼诺事件。

(2)拉尼娜(La Nina)

拉尼娜是指赤道东太平洋每隔几年发生一次的大范围海表温度异常降温现象。当赤道(5°N～5°S)东太平洋 150°～90°W 海域连续 6 个月以上海表温度异常偏低超过 0.5℃时,被称为一次拉尼娜事件。

(3)温室效应

地球在接收太阳系短波辐射的同时也不断地向外发射长波辐射,大气中一些气体具有吸收长波辐射,吸收气体本身又向外发射长波辐射,其中一部分反射回地面,从而使得地球外逸辐射减少、气温升高,这种现象称为温室效应。二氧化碳、水汽、甲烷、氧化氮、臭氧等气体吸收和放出长波辐射的能力特别强,因而被称为温室气体。

(4)城市热岛效应

城市热岛效应是指由于城市中人为加热、温室气体的排放和下垫面性质的改变,使得市区气温高于郊区的现象。

(5)四季

地球上不仅各地区的气候差异很大,就是同一地区在不同季节,气候也是不同的。现在,主要的四季划分方法有以下两种:气候划分法,以公历3—5月为春季,6—8月为夏季,9—11月为秋季,12月—来年2月为冬季;气象意义上的四季划分以连续平均温度为指标,连续5日日平均气温≥10℃,则为入春,其首日为春季首日,连续5日日平均气温≥22℃,则为入夏,其首日为夏季首日,连续5日日平均气温<22℃,则为入秋,其首日为秋季首日,连续5日日平均气温<10℃,则为入冬,其首日为冬季首日。

(6)暖冬、冷冬、凉夏和酷暑

暖冬:若冬季(12月到次年2月)平均气温距平$\Delta T \geqslant 1.0$℃(常年为-0.5℃),则该年冬季划为“暖冬”。

冷冬:若冬季(12月到次年2月)平均气温距平$\Delta T \leqslant -1.0$℃(常年为-0.5℃),则该年冬季划为“冷冬”。

凉夏:若7月和8月平均气温距平$\Delta T \leqslant -0.8$℃,且7

月和 8 月两月≥35℃高温日数≤4 天，则该年为凉夏。

酷暑：若 7 月和 8 月平均气温距平 $\Delta T \geq 0.8$℃，且 7 月和 8 月两月≥37℃酷暑日数≥5 天，则该年为酷暑年。

1.3.4 预报用语

为方便使用和管理，天气预报用语有严格的规定和固定的格式，一般包含：预报时段、天气现象、风向风速、最高最低温度以及发布单位、发布时间等内容。在一些重要天气预报中还要告知影响地域。

(1)预报时段用语

天气预报中对时间的概念有明确的规定，在气象上的“一天”是指前一天 20 时到当天 20 时。如日降水量、日平均温度等要素统计均是按此规定计算的。我们在天气预报中听到或见到的时间段含义如表 1.2。

表 1.2 天气预报时间段划分

白天：08—20 时	傍晚：18—20 时
凌晨：03—05 时	夜间：当日 20 时—次日 08 时
早晨：05—08 时	上半夜：20—24 时
上午：08—11 时	半夜：23—次日 01 时
中午：11—13 时	下半夜：次日 00—05 时
下午：13—17 时	

(2)天气用语

在天气预报中，天气是人们最关心的内容。一般可以听到或看到晴、少云、多云、阴以及小雨、中雨、大雨、暴雨、阵雨、雷阵雨这些名词，此外还有风向风速、最高最低温度的具体预报。以上这些内容构成了常规的“天气预报”。其中天空状况、雨量等级、风力等级的含义都有统一的规定(见表1.3～1.4和表1.1)。

表1.3　天空状况及天气现象

天气	天空状况
晴	天空无云或云量小于天空面积的1/10(1成)
少云	天空中有中、低云1～3成,或高云4～5成
多云	有4～7成的中低云或6～10成高云
阴	天空阴暗,密布云层,总云量8成以上
阵雨	开始和停止都较突然或强度变化大
雷阵雨	降雨同时出现雷暴或闪电现象

表1.4　雨量等级表

雨量等级	12小时(mm)	24小时(mm)
毛毛雨、小雨、阵雨	0.1～4.9	0.1～9.9
小雨到中雨	3.0～9.9	5.0～16.9
中雨	5.0～14.9	10.0～24.9
中雨到大雨	10.0～22.9	17.0～37.9
大雨	15.0～29.9	25.0～49.9
大雨到暴雨	23.0～49.9	38.0～74.9
暴雨	30.0～69.9	50.0～99.9
暴雨到大暴雨	50.0～104.9	75.0～174.9
大暴雨	70.0～139.9	100.0～249.9
大暴雨到特大暴雨	105.0～169.9	175.0～299.9
特大暴雨	≥140.0	≥250.0

(3)预报区域用语

云南的天气预报员根据云南的天气气候特点和地理分布,将云南分成了五个片区。“滇”是云南省的简称,在天气预报中，经常可以听到滇中、滇东北、滇东南、滇西北、滇西南等用语。这些区域性用语的含义和代表范围如下：

滇中：昆明、玉溪、楚雄等三个州（市）及所辖各县（区）；

滇东北：昭通市、曲靖市两市及所辖各县（区）；

滇东南：文山州、红河州及其所辖各县（区）。

滇西北：迪庆、怒江、丽江、大理、保山、德宏等六个州市及所辖各县（区）；

滇西南：普洱、临沧、西双版纳等三个州市及所辖各县（区）；

此外还可以听到滇东地区，滇南地区、滇西地区等用语，此类用语是以地理分布划分的。

（4）发布单位

根据《中华人民共和国气象法》规定，天气预报信息的发布遵循属地管理原则，即我省的天气预报由云南省、州（市）、县（区、市）气象台发布。

1.3.5 预报服务产品

目前，云南省各级气象台发布的天气预报服务产品主要有：

短时临近预报：0—6 小时内的天气预报，一般每 3 小时发布一次。主要包括雷电、大风冰雹等强对流天气的预报预警信息。

短期天气预报：0—72 小时的天气预报，预报时段可分为 12 小时和 24 小时二类，主要内容为今明天气、风向风速、最高最低温度预报。

中期天气预报：3—10 天的预报，预报时段为 24 小时，主要预报晴雨天气和转折性、关键性天气过程。

短期气候预测：月、季、年气候趋势预测，重点是雨季开始期（结束期）、雨量温度、关键农事期预测等。

预警产品：在灾害性天气来临前发布的预报产品，可包括灾害性天气消息、预警警报、预警信号。

专项服务产品：专为重大社会活动制作发布，如“国庆”、“五一”、“北京奥运会火炬传递”、“昆交会”等期间的天气预报。

2 气象灾害概述

2.1 什么是气象灾害

气象灾害是指大气运动及其演变对人类生命财产和国民经济以及国防建设等造成直接或间接的损害，如台风、暴雨、冰雹、大风、雷电、高温等。气象灾害可分为天气灾害和气候灾害，二者既有区别又有联系。

天气灾害时指一次天气过程，如某一次暴雨、某一次冰雹、某一次寒潮等造成的气象灾害。气候灾害是指气候异常而造成的灾害。如该下雨的季节却久不下雨，该是旱季却阴雨连绵，天气该冷时不冷，该热时不热等。这些反常现象的出现，导致人类及动植物的不适应，影响人类社会活动及生产活动，危及动植物正常生长发育，以致造成经济损失和其他损失。

2.2 气象灾害的严重性

世界气象组织（WMO）前秘书长奥巴西（G. O. P. Obasi）指出，1967—1991 年全球受自然灾害影响的死亡人数呈不断增加的趋势，其中直接由气象灾害引起的死亡人数约占自然灾害总死亡人数的61%，气象灾害给人类造成的危害是十分严重的。

我国地处东亚季风区，幅员辽阔，气候条件和地理状况复杂，是世界上自然灾害最严重的国家之一。而在各类自然灾害中，气象灾害就占70%以上。每年受干旱、台风、暴雨、雷电、冰雹、寒潮、大风、暴雪、沙尘暴、浓雾、高温等气象灾害以及森林草原火灾、山体滑坡、泥石流、山洪、病虫害等气象次生和衍生灾害影响的人口约3.8亿人次，因气象灾害造成的直接经济损失达1800多亿元，约相当于国内生产总值的1%～3%。联合国政府间气候变化专门委员会（IPCC）第四次评估报告指出，近百年来地球正经历以全球变暖为特征的显著变化，最近100年全球气温增加了0.74℃，预计未来气温还将继续上升。在全球变暖的大背景下，近年来干旱、暴雨、强台风等各种极端天气气候事件频繁发生，破坏程度越来越大，影响越来越复杂，应对难度越来越大。

云南气象灾害种类较多，尤其是干旱、洪涝、低温冷害、风雹所造成的危害最为严重，这些气象灾害对农业造成的损失最大。由于云南复杂的低纬高原地理环境，多样的局地气候背景，丰富的生物植被状况以及同时受到东亚、南亚两支季风的共同作用，从而形成了鲜明的气象灾害特点，气象灾害具有种类多，频率高，重叠交错；分布广，季节性，区域性突出；成灾面积小，累积损失大的特征，有“无灾不成年”之说。

2.3 气象灾害的产生

气象灾害的形成有一个孕育和发生发展的演化过程，一般由孕育期(潜伏期)、发展期、暴发期、持续期、衰减期和平息期构成。每次气象灾害的各个时期在时间长度上、表现形式上、严重程度上都不尽相同，时间有长有短、灾害有轻有重。

2.3.1 气象灾害产生的自然因素

气象灾害产生的自然因素包括灾害能量的积累和灾害能量的释放条件。没有能量的积累，就没有能量释放，不能形成气象灾害；有了能量的积累，但没有释放条件，同样不能致灾。只有两者都具备才能形成灾害。

2.3.2 气象灾害产生的人为因素

气象灾害与人类活动关系极为密切。人类活动会对气象灾害产生负面和正面效应。人类为发展经济，在各种生产活动中，会自觉不自觉地影响生态环境，造成气象灾害的增加，从而产生负面效应。如过度砍伐树木，致使森林减少、水土流失，既使沙尘暴灾害增加，又会使下游河道湖泊淤塞，加重水灾。人类为减少气象灾害，积极采取防御措施，增强抗灾能力，产生正面效应。如修筑堤防、疏通河道，限制洪水泛滥；修建拦潮闸防治河潮入侵；营造防风林带减轻风沙灾害等。

所以，气象灾害的产生及其严重程度，既与自然因素有关，也与人为的影响和抗灾能力的强弱有关。

2.4　气象灾害的种类

按照气象灾害形成的原因、性质和危害人民生命财产的特点分为八大类。

2.4.1　干旱灾害

干旱灾害因久晴、少雨、高温而产生，分为干旱、干热风、高温热浪三种。干旱能影响到人类社会经济活动的各个方面，因缺水造成农作物生长不良而减产、人畜得病甚至死亡，还会使生态环境恶化等。干旱是云南出现最多、影响最大、造成损失最为严重的气象灾害。

图 2.1　干旱使庄稼受灾

2.4.2　洪涝灾害

洪涝灾害主要因暴雨和大雨等气象原因而产生，分为暴雨洪水和雨涝两种。洪涝常造成山洪暴发、江河泛滥，冲毁堤坝、房屋、道路、桥梁，淹没农田、城市渍涝等，严重危害国计民生。

图 2.2　洪涝引起的城镇内涝

2.4.3　冷冻类灾害

冷冻灾害是因冷空气、寒潮、大雪等产生的灾害，可分为寒潮、冷害、冻害、冻雨、结冰、雪害等六种，对能源、道路、交通产生较大的影响，造成动植物生育期延迟、不育、冻伤冻死，大范围流感发生等。

图 2.3　冷冻使庄稼植物受灾

2.4.4　热带气旋(台风)灾害

热带气旋灾害主要由其产生的狂风、暴雨、洪水引起，并引发巨浪、风暴潮，掀翻船只、冲破海堤、海水倒灌、山洪暴发等。热带气旋经过长途跋涉来到云南后，强度减弱，对云南的影响主要是引发大雨、暴雨天气过程。

2.4.5 风暴类灾害

风暴灾害发生时常伴有雷雨、大风、冰雹、龙卷风、雷电等现象。风暴灾害主要由强对流天气引起，造成房屋倒塌、农作物倒伏受损、人畜死伤等。大风冰雹灾害对云南烟叶生产的危害十分严重。

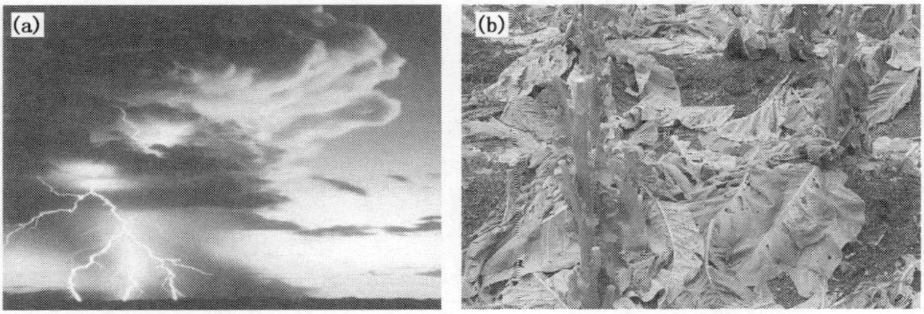

图 2.4 风暴使农作物倒伏

2.4.6 连阴雨灾害

连阴雨灾害主要是由于雨水过多，空气湿度过大，缺乏光照，不利于农作物生长发育，造成粮食减产、已收粮食霉变等后果。

2.4.7 浓雾灾害

浓雾发生时能见度差，会影响交通并引发交通事故，空气中污染物不易扩散，能引起人体疾病和“污闪”停电事故等。

2.4.8 沙尘类灾害

沙尘类灾害主要包括霾、扬沙、浮尘、沙尘暴。沙尘类灾害出现时，水平有效能见度小于 10.0 km，对民航、铁路、公路交通影响较大，常会引发交通事故。沙尘类天气使空气质量明显下降，常会引发鼻炎、支气管炎等疾病。在各种沙尘类灾害中，以特强沙尘暴危害最重，那时狂风大作，昏天黑地，能见度降到 50 m 以下。

2.5 气象灾害的特点

气象灾害是自然灾害中发生次数最多、影响范围最广、造成损失最大的灾害，它有以下特点：

2.5.1 种类多

气象灾害主要有干旱、暴雨洪涝、霜冻、低温、热带气旋（台风）、风暴、连阴雨、浓雾、沙尘暴等八大类，如果细分可达数十种甚至上百种。

2.5.2 范围广

无论在高山、平原、海岛，还是在江、河、湖、海以及空中，处处都有发生气象灾害的可能。

2.5.3 频率高

我国每年都会出现旱、涝、台风、雷击、冰雹、沙尘暴等多种气象灾害。从 1950—1988 年的 39 年统计分析中得出，平均每年出现旱灾7.5次，涝灾5.8次。台风、雷击等灾害每年都多次出现。

2.5.4 持续时间长

同一种气象灾害常常连季、连年出现，例如1950—1997年，云南省平均每年有50%左右的县市受到不同程度的干旱影响，严重年份可达50%以上。

2.5.5 群发性突出

某些气象灾害往往在同一时段内相继或相伴出现，雷雨、冰雹、大风、龙卷等强对流天气在每年3～5月常有群发现象。

2.5.6 连锁反应显著

天气气候条件往往能形成或引发、加重洪水、泥石流和植物病虫害等次生、衍生灾害，产生连锁反应。

2.5.7 灾情严重

联合国公布的1947—1980年全球因自然灾害造成人员死亡达121.3万人，其中73.9万人的死亡是由于气象灾害造成的，约占总数的61%。

3 云南省气候特点

总体上看，云南兼具低纬、季风和山原气候三大特征。

3.1 低纬气候特征——气温年较差小、日较差大

云南位于低纬高原，北回归线从南部穿过，形成了气温年较差小，四季不分明的气候特点。在云南境内，除少数河谷地带和南部坝区外，大部分地区夏无酷暑，最热月平均气温一般在20～28℃以上，35℃以上的高温出现几率甚小；除少数高寒山区外，最冷月平均气温多在8～10℃以上，极端最低气温与国内其他地方相比明显偏高。全省年平均气温为16.5℃，最热月(6月)平均气温为21.7℃，最冷月(1月)平均气温为9.3℃，平均年较差仅12.4℃。形成了冬无严寒、夏无酷暑的气候。按照候平均气候10℃以下为冬季、22℃以上为夏季的季节划分，云南南部普洱、临沧一带堪称“四季如春”。

另外，由于纬度低，海拔高，大陆性气候特征明显，全省气温日较差明显偏大，年、月平均日较差多在10℃以上，是全国日较差较大的地区。

3.2 季风气候特征——干湿季分明

云南南近海洋，北倚青藏高原，冬、夏半年控制本省的大气环流性质截然不同，形成了干、湿季分明的气候特征。干季(11 月～次年 4 月)受热带大陆气团控制，除怒江州北部外，境内大多数地区降水稀少，空气干燥。整个干季降水量仅占全年的 5%～15%。雨季(5～10 月)受热带海洋气团控制，在西南、东南两支暖湿气流影响下，雨量集中，空气湿度大。雨季降水量占全年的 85%～95%，其中 6～8 月主汛期降水量占全年的 55%～65%。

干湿季分明也造成了雨季云量多，雨日偏多，一般占到 80%～90%，一定程度上抑制了气温的上升。

3.3 山原气候特征——垂直变化显著

云南地形地貌复杂，海拔高差悬殊，气候垂直差异十分显著。

由于地处山原，气温随纬度的变化远小于随海拔高度的变化，海拔和坡向的不同造成了气温和降水的差异很大。其中山麓和河谷地带气候炎热，雨量较少；山腰气候温和，降水较多；山顶气候寒冷，雨量最多。

云南的气候带划分很大程度上遵循了这一规律。从山谷到山顶气候分布着从北热带、南亚热带、中亚热带、北亚热带、南温带、中温带和高原气候区共七个气候带，气候类型之丰富居全国首位。

4 云南省主要气象灾害及防御

4.1 干旱灾害

4.1.1 概述

干旱是云南最主要的气象灾害，是对云南社会经济和人民生活危害最大的气象灾种。云南干旱一年四季都有发生，各地都遭受过旱灾，同时天气和气候变化导致干旱发生频次和危害程度有很强的季节性和地域性差异，年际差别也大。干旱可造成农作物栽播困难、粮食和经济作物失收，引发森林火灾、农林病虫危害、库塘干涸、水力发电量骤降、人畜饮水告急、城市供水不足等等，造成重大经济损失。1987 年云南春夏连旱，全省 121 个县受灾，农作物受灾面积达 90 万 hm^2（公顷），158 万人和 44 万头牲畜饮水困难，水库蓄水量减少 40%，发电量比上一年减少 1 亿千瓦时。同时，长时间的干旱极易造成森林火灾的发生。

干旱是水分供求不平衡造成的自然灾害。自然降水不足是干旱形成的直接原因。大气环流异常、天气系统的变化和转换、地理土壤因素、植被生态状况和人类农业生产活动等，都对干旱的形成和发展产生不同程度的影响。云南干旱一般不是年总降水量不足所致，而主要是降水量的季节分配比例失调或时空分布不均引起的。云南干旱可分为春旱(3—4 月)、初夏旱(5—6 月初)、夏旱(6—8 月)、秋旱(9—11 月)、冬旱(12—次年 2 月)和冬春连旱(11—次年 4 月)。

云南是季风气候区，干湿季分明，大部地区干季(11～次年 4 月)降水稀少，是云南气候和自然生态脆弱的重要原因，并容易导致云南冬春干旱严重、夏收农业产量水平低。5 月初夏是云南干、雨季转换过渡时期，又正值云南大春作物移栽播种期。5 月雨量年际差异大，加之冬春干旱的延续影响，云南初夏干旱影响面广，常造成巨大经济损失，最受全社会各界的广泛关注。

4.1.2 风险区划

多年统计及分析表明，云南重旱区主要出现在楚雄、大理、丽江、迪庆四州市和昭通市南部、昆明市北部等地，尤其是低热河谷少雨区；中等程度旱区分布在玉溪市大部、红河州中部和北部、曲靖市中部、昆明市东南部、普洱市北部、临沧市中北部、保山市中部和昭通市局部；轻旱区则包括文山、德宏、版纳等南部边缘地区和昭通市东北部。

从各地农业产量水平、干旱发生频率、干旱致灾减产率对云南干旱灾害进行风险评估，旱灾高风险区主要分布在楚雄、大理、迪庆三个州市和昆明市西部和南部、玉溪市北部地区。旱灾中度风险区出现在曲靖市大部、昭通市南部、红河州中部和北部、玉溪市南部、保山市北部、怒江州大部和丽江市大部地区。其余大部区域为旱灾低风险区。

4.1.3　灾害防御

(1)因地制宜、兴修水利,建设集雨型小地窖等农田配套设施,合理灌溉。云南山地面积比重大,河流切割深,有效灌溉面积小,山区人畜饮水问题突出。兴修水利、发展灌溉是战胜旱灾的有效措施。

(2)植树种草,营造农田防护林,改善山区农业生态环境和农田小气候条件,是降低旱灾频数、减轻干旱危害的根本性措施。

(3)平整土地、深耕改土,增加土壤蓄水量。土层薄和耕地不平等是造成云南众多耕地蓄水能力偏差的主要原因。平整土地和深耕改良土壤,可减小降水径流、控制水土流失、增加农田蓄水量,充分利用自然降水、减轻干旱危害。

(4)选育抗旱作物品种,采取农业抗旱措施,提高作物抗旱能力。作物不同品种的抗旱能力差异显著,实践证明,选育抗旱品种是防御干旱的有效措施之一。同时,播种前浸种、苗期"蹲苗"等抗旱锻炼、垄作栽培等是行之有效的农业抗旱措施。

(5)改革灌溉方式,推广先进灌溉技术。要因地制宜地大力发展和应用滴灌、喷灌、雾灌等节水灌溉新技术,改革灌溉方式和灌溉制度,提高水资源利用率,科学合理用水,节水抗旱。

(6)应用地膜覆盖和秸秆棵间覆盖等方法,发展和使用作物蒸腾化学抑制剂和抗旱剂,减少农田无效蒸发和作物蒸腾,是防御干旱的重要措施。

(7)发展和应用人工增雨抗旱技术,是云南干旱缺水地区一项非常有效的科学抗旱措施。

4.2　暴雨洪涝灾害

4.2.1　概述

暴雨洪涝是云南雨季期间发生的一种主要的气象灾害。暴雨是指在短时间内出现的大量降水，按其降水强度可分为三个等级，即 24 小时降水量为 50～99.9 mm 称暴雨，100～249.9 mm 为大暴雨，250 mm 以上称特大暴雨。洪涝则指长期降雨或短时的暴雨造成的山洪暴发、河水猛涨、城镇进水、淹没农田、冲毁道路等灾害。根据降水强度、持续时间和危害特点又把洪涝灾害分为洪灾和涝灾。洪灾是短时间强度较大的大、暴雨所造成的山洪暴发或河水陡涨，冲毁田地和房屋，多发生在山区，但近年来随着城市建设的扩张引发城市排水设施的不适应，城市洪灾也时有发生。涝灾是暴雨或长时间的连续降水造成的渍涝，多出现于河谷盆地中排水不良的低洼之处。云南山高、坡陡、谷深，洪灾多于涝灾，而洪涝灾害多由暴雨引发，因此在灾害划分时常把暴雨洪涝列在一起。

云南暴雨洪涝形成的原因很多，主要是特殊的地理位置、复杂的地形地势、多种降水天气系统的影响和多样化的下垫面状况造成的。云南坝区少，山区面积占 94%，当出现暴雨、大雨或长时间持续降水时，坡度较大的山地或汇水面积较大的河道地区很容易出现洪灾。在云南东部和东北部地区由于山谷交错陡峻，河道纵横，植被覆盖率低，地表调蓄洪水能力差，一旦出现暴雨等强降水，更易发生洪涝灾害；云南南部地区虽多暴雨，但由于多为低山丘陵、坝子，植被生态条件好，洪涝灾害损失相对偏轻。云南5—10月雨季期间尤其是主汛期(6—8月)内，受西南季风、东亚季风和北方冷空气的交互影响，多种降水天气系统频繁出现，降水过程多、强降水频率高，在复杂地势地形的影响下，洪涝灾害不断发生。

4.2.2 风险区划

云南主要有6个较为集中的暴雨中心，即云南西南部的西盟—澜沧、南部的金平—江城、东部的罗平、西部的龙陵—盈江、北部的华坪和东北部的盐津。受强降水、水利设施、地形等影响，云南洪涝呈插花性分布，洪涝高风险区有三块，最大的一块是云南西南部，第二块是云南东南部及玉溪市南部，第三块是昭通市和曲靖市北部。

4.2.3 灾害防御

(1)继续实施植树造林，退耕还林，加强绿化造林，做好水土保持工作。绿化造林能促进土壤吸收较多的水分，减弱暴雨对地面的直接冲刷，防止水土流失，避免造成下游湖泊、河道淤积，确保河道的泄洪能力和湖泊的蓄洪功能。

(2)加强河道、湖坝、水库等防洪工程建设。加固河堤，疏竣河道，平垸行洪，退田还湖。防洪工程是一项长期艰巨的任务，要根据江河流域的自然地理条件，开展综合治理，修筑堤防、整治河道，合理采取蓄、泄、滞、分等工程措施。沿江河修筑堤防，保护两岸地区不受洪水淹没，同时采取河道清障、清淤，采用人工裁弯取直等措施，增加河段的泄洪能力。

(3)重点加强城市防护,提高沿江沿河大中城市堤防的防洪能力,加固加高堤防以达到百年一遇标准,适应城市经济发展的需要。根据当地暴雨强度修建相应的地下排水系统,尽可能减少或避免城市积水。

(4)加强暴雨来临前的防御措施。要充分重视各级气象台发布的天气预报警报,并根据天气预报警报采取防御措施。在暴雨来临前,要认真检查防洪工程,发现隐患,要立即整改。

4.3 低温灾害

4.3.1 概述

低温冷害主要是指冬春季寒潮、霜冻、倒春寒和夏秋季低温等天气造成的气象灾害。特殊的地理因素、低纬高原气候、季风和北方冷空气的交汇影响,使得低温冷害成为云南最主要的气象灾害之一,它对云南的影响和危害程度仅次于干旱灾害而与洪涝灾害相当。由于不同生物或同种生物不同的生长发育期对温度条件的要求不同,低温冷害也可能在夏季发生。低温天气类型和过程、地理纬度、地势地形、海拔高度、农作物种类和生育期及防御低温技术水平等,都与低温冷害的发生和危害大小密切相关。

低温冷害多以强烈降温、霜冻、凌冻和持续低温的形式出现,常伴有冷风、冷露、阴雨、降雪、积雪或夜间放晴强辐射等天气现象。低温冷害一般因北方冷空气侵袭而引发,造成云南较强降温、霜冻、降雪、冻结等危害的强冷空气过程,平均每年有6次，最多年份可达10次。但低温冷害的发生和危害程度有很强的地域性和时间性。云南低温冷害主要发生在冬季12—2月、春季3—4月和夏季7—8月三个时段，少数年份5月、9月和10月也会发生。影响频次和危害最大的低温冷害，主要是发生在春季3—4月的倒春寒、霜冻和7—8月的夏季低温。云南低温冷害还与地势地形密切相关，如小山体上部霜冻最轻、小盆地或窄而弯曲的谷地霜冻最重，即所谓“冷湖效应”。低温冷害天气过程一般持续时间为几十分钟至几天。但可对农业、畜牧业、交通运输、通讯、电力、能源等行业和人体健康及日常生活产生重大的影响。2008年初的低温雨雪冰冻给昭通、曲靖、文山、迪庆、怒江、丽江等11个州、市造成了严重的损失。

4.3.2 风险区划

云南中高海拔地区低温冷害发生频率高、危害范围大；热带、南亚热带地区低温影响频次少，但一旦发生经济损失重。严重低温冷害区分布于昭通、昆明、曲靖、丽江、迪庆、怒江等6州市大部，以及大理州中部和北部、楚雄州西部等，其中以昭通市南部、曲靖市北部、丽江市、怒江州和大理州北部等地较高海拔地区低温强度大。中等程度低温冷害区包括文山、红河、玉溪等3州市，以及楚雄州东部、保山市大部和昭通市北部低海拔区等。轻度低温冷害区主要出现在云南西南大部。

云南各地低温冷害发生的频次，云南东北部最高，西北部、中部中高海拔区和东部区域次之，云南西南部所受影响最少。从各地低温冷害频率和强度、农业产量水平和致灾减产率三方面评估，云南低温冷害高风险区包括曲靖市大部、昭通市中部和南部、丽江市大部、大理州北部和迪庆州等中高海拔区。低温冷害低风险区出现在云南西南部地区、东南部边缘地带和德宏州。其余大部为低温冷害中度风险区。

4.3.3　灾害防御

(1)利用和改善局地小气候生态环境，选择避寒条件好的种植地发展经济价值高的种植业；通过人为影响改变局地气候生态，增强农业整体抗御低温能力。如营造农田防护林带、采用合理种植行向和种植密度等。

(2)培育和选择耐寒高产早熟作物品种，根据耐寒特性调整作物比例和种植业结构，改革、调整和优化种植制度和耕作制度，提高农业防御低温冷害的能力和效益。

(3)运用综合栽培技术防御低温冷害。采用地膜覆盖栽培(中高海拔地区)、水稻旱育稀植、适时播种和移栽、加强田间管理、以水增温调温、使用化学增温剂等有效措施防御低温冷害。

(4)发展塑料大棚、日光温室等设施农业，增大热量强度，抵御短期低温冷害，提高云南农业开发能力。

(5)推广应用抗御霜冻的有效措施。包括覆盖法、适时灌水或喷水法、烟雾法、扰动法、加热法、细菌和抗菌素防御法等。

4.4 大风冰雹灾害

4.4.1 概述

大风是指瞬间风速达到或超过 8 级(17.2 m/s)的风，冰雹是指直径在 5 mm 以上形状不规则的固体降水。大风、冰雹常相伴出现，因此在灾害划分时常把两者列在一起，统称为风雹灾害。在云南，风雹常与暴雨、雷电等相继并发，引发重大灾害。

成灾的大风和冰雹产生的原因基本是一致的，多为强对流天气和地形作用的结果。统计表明，云南年平均出现冰雹 177 次，各地平均有 1.4 个雹日。云南各季节都有冰雹灾害出现，以春季(3—5 月)雹日最多，占全年总雹日数的 53%，其中 4 月为全年雹日峰值月，占全年的 25%；冬季(12—2 月)次之，占全年的 28%；夏季(6～8 月)再次，占全年的 10%。

4.4.2 风险区划

根据冰雹出现日数的多少，云南省冰雹灾害风险区分为三个等级：冰雹日数大于等于 2 天的为高风险区，1—2 天的为中度风险区，少于 1 天为低风险区。云南的冰雹高风险区位于云南中部及其以南地区的昆明市南部、楚雄州南部、玉溪市大部、普洱市东部和红河州南部，云南东部的曲靖市和文山州东北部，云南西部的保山市和临沧市南部，以及西北部的迪庆州、丽江市和大理州北部。金沙江河谷、怒江河谷地区和大理州中部为低风险区，其他为中度风险区。

根据大风日数的多少，云南省大风灾害风险区分为三个等级：大风日数大于等于15天的为高风险区，5～14天的为中风险区，少于4天为低风险区。云南的大风高风险区位于云南东部的曲靖市和昭通市南部，云南西北部的迪庆州、丽江市以及大理州和楚雄州北部，云南西部、南部和东北部边缘地区为低风险区，其他地区为中度风险区。

4.4.3 灾害防御

（1）加强人工防雹和消雹技术研究，实施人工消雹，减少损失。

（2）在风雹多发区，营造防风林带和风障，大力种草植树，封山育林，绿化荒山，增加森林覆盖率，减弱空气温度的骤升与骤降形成的局地热对流，最大限度地减轻风雹危害。

（3）风雹来临前，临时加固大棚等农业设施。加固房屋、建筑、输电、通讯线路等设施，增强防风雹能力。

4.5 雪灾

4.5.1 概述

雪灾是寒冷季节（或时段）在一定的低温条件下出现降雪造成的一种气象灾害。雪灾是云南高海拔地区常见气象灾害之一。云南降雪和雪灾的发生有很强的地区性和时间性。云南西北部和东北部较高海拔区降雪和雪灾的频次最多，年年有降雪；云南中部及东部受冷空气影响较频繁，虽不是每年都有降雪，也是容易发生雪灾的地区；哀牢山以南、以西大部分地区和南部低海拔地带则极少出现降雪。云南降雪一般出现在10月至次年4月，西北部高海拔区少数年份甚至在9月、5—6月也可能出现雪花纷飞的景象，但较大范围降雪并出现积雪的雪灾主要发生在12月至次年3月。

4.5.2 风险区划

在雪灾风险评估中主要考虑年积雪日数、最大积雪深度、致灾可能造成的经济损失等因素。云南雪灾低风险区主要出现在哀牢山以西以南的地区，包括西双版纳、普洱、临沧、保山、德宏5州市和红河、文山2州市南部边缘地带。雪灾中度风险区包括文山州大部、红河州中部和南部、玉溪市南部、楚雄州西南部和北部、大理州、怒江州南部及昭通市北部较低海拔区。雪灾高风险区发生在昆明市、曲靖市大部、昭通市南部、楚雄州中部、怒江州北部、丽江市西北部和迪庆州。

4.5.3 灾害防御

(1)云南西北部雪灾易发区在降雪季节到来前应做好防御雪灾的粮食、饲料、冬期保暖品、救灾应急等贮备和准备工作，以防患于未然。

(2)降雪过程结束后，要及时采取农业措施恢复农作物正常生长。宜尽快进行农田清理，清除植株体上的积雪、雪融前淋水化雪、扶正倒伏植株、及时松土培土等，以减轻雪灾的农业危害。

(3)若雪后出现霜冻，霜冻出现后宜于当天霜融前淋水洗霜。雪灾后要加强农田水肥管理，尽快恢复作物和林果长势。

(4)根据天气预报和雪灾灾情监测情况,电力和交通运输业要及时采取封闭、关停等监管强制措施,减轻或避免雪灾造成更大的影响和危害。

(5)多部门协作,及时采取清障、疏通、修复等措施减轻雪灾的影响,尽快恢复经济生产和人民生活的正常秩序。

(6)发展和应用卫星遥感监测等新技术,提高雪灾防御指挥和组织工作的科学性,增强防灾减灾的成效。

4.6 雷电灾害

4.6.1 概述

雷电灾害是指云层与大地之间发生放电,并由此而产生对人员、牲畜、建筑物、电子电器设备等的损害,以及引起火灾和爆炸等的事件。雷击通常有三种形式,即直击雷、感应雷和球形雷。直击雷是指雷电直接击在建筑物构架、动植物上,因电效应、热效应和机械效应等造成建筑物等损坏以及人员、牲畜伤亡的现象;感应雷是雷电在雷云之间或雷云对地的放电时,在附近的户外传输信号线路、埋地电力线、设备间连接线和电磁感应并侵入设备,使串联在线路中间或终端的电子设备遭到损害的现象。感应雷虽然没有直击雷猛烈,但其发生的几率比直击雷高得多;球形雷是一种特殊的雷电现象,一般是以橙或红色,或似红色火焰等发光带电球体出现。其一旦遇到物体或电气设备时会产生燃烧或爆炸。球形雷比较少见,其成因目前也无权威性的结论。

云南一年四季均可出现雷电，但时间分布有明显的季节性，主要以夏雷和春雷为主，夏雷（6～8 月）比例占全年的 40%～76%。云南的雷电除有明显的季节变化外，还有明显的日变化特征，一日中，雷电多发于 14:00～18:00 之间。

4.6.2 风险区划

根据雷暴出现日数的多少，将云南省雷电灾害风险区分为三个等级：雷暴日数多于 80 天的为高风险区，60～80 天的为中度风险区，少于 50 天为低风险区。云南雷电灾害的高风险区主要位于云南南部和西南部的西双版纳州、普洱市和临沧市南部、德宏州南部区域，低风险区主要位于西北部的怒江州、迪庆州和东北部的昭通市，其他地区为中度风险区。

4.6.3 灾害防御

（1）加强雷电灾害防御，重点加强新建、改建、扩建建筑物、重点工程、各类矿场、通信系统、网络系统以及易燃易爆、危险化学品生产和储存场所、人口密集地区防雷装置的安装和定时检测。

（2）加强农村建（构）筑物和雷电多发区防雷设施建设，使之达到国家规定的雷电灾害防护标准，为构建平安和谐社会主义新农村服务。

（3）迁移雷电高发地点的学校和公共设施，避免雷击灾害所带来的人员伤亡和财产损失。

4.7 浓雾灾害

4.7.1 概述

雾是贴地层空气中悬浮着大量水滴或冰晶微粒而使水平能见距离降到1 km(千米)以内的天气现象,其中水平能见度在500 m以下的称为浓雾。大雾种类繁多,根据雾的形成过程、物态和天气学系统,雾可分为冷却雾、混合雾和蒸汽雾三类,其中冷却雾又根据冷却原因,分为辐射雾、上坡雾、平流雾等。辐射雾是指由于夜间地面辐射冷却,使空气中的水汽达到饱和所致;上坡雾则是指潮湿空气沿着山坡抬升,绝热冷却使空气达到过饱和而产生的雾;平流雾是指暖而湿的空气作水平运动,经过寒冷的地面或水面,逐渐冷却而形成的雾。在云南,由于地理地形原因,平流雾的发生发展条件受到了很大限制,因此云南的雾主要是辐射雾和上坡雾。在冬季或比较寒冷的冬半年,由于夜长、气温低,地面辐射强,是辐射雾的多发季节。而在雨季,空气湿度大,山区易出现上坡雾,因此也有“干季坝区雾、雨季山区雾”的说法。云南各季都有雾出现,以冬季(12月—2月)雾日数最多,占全年总雾日数的40%,秋季次之,占32%,春夏季雾日较少。

4.7.2 风险区划

根据雾出现日数的多少,将云南省浓雾灾害风险区分为三个等级:雾日数多于80天为高风险区,40—80天为中度风险区,少于40天为低风险区。云南的浓雾风险总体上呈南高北低，高风险区位于云南西南部的西双版纳州和普洱市南部、临沧市南部和德宏州南部边缘地带。除地形特殊的局部区域外，云南中部及以北大部地区为低风险区。在高风险区和低风险区间的带状区域为中度风险区。

4.7.3 灾害防御

（1）加强人工消雾技术研究，用人工影响的方式消除局部区域内的浓雾，提高能见度。

（2）针对高速公路、机场、城市等高影响区建立浓雾观测网，提高浓雾的监测预警能力。

（3）积极利用现代科技手段加强交通管理，创新运输组织和调度，尽量保障浓雾等恶劣天气条件下的交通运行。

4.8 高温灾害

4.8.1 概述

日最高气温高于或等于 35℃的温度称为高温。当气温过高超过了人体、牲畜或作物的适应范围，造成人畜和作物产生病害或生产力降低，即成高温灾害。

云南雨热同季，盛夏季节由于多雨，雨水的降温作用使得高温明显减轻，因此云南的高温天气主要出现在 4—6 月，其中 5 月出现高温的站数最多，各地极端最高气温极值也基本上出现在 5 月，7—9 月次之。

4.8.2　风险区划

云南省高温灾害风险区分为三个等级：极端最高气温大于40℃的为高风险区，35℃～40℃的为中度风险区，低于35℃为低风险区。云南的高温灾害主要出现在海拔低的热河谷地区，其中，澜沧江下游河谷、红河河谷、金沙江河谷区域为高风险区，云南中部和西部、西北部海拔相对较高的地区为低风险区，其他地区为中度风险区。

4.8.3　灾害防御

(1)植树造林改善生态环境，减小温度日变幅。

(2)兴修水库并增强水库蓄水能力，增强发电能力，保证高温下水电供应，尽量使人民生活、工农业生产能正常进行。

(3)加强公共防暑抗高温的措施，减少因高温引发的疾病。

5 云南省主要气象衍生灾害防御

由气象灾害或气象条件引发和制约的各种自然灾害称为气象衍生（次生）灾害，这些灾害的发生发展均与天气气候状况有非常密切的关系。

云南是全国气象衍生灾害频发的重灾区之一，气象衍生灾害有时比原生灾害的危害更大，灾情更重，常给国民经济建设和人民生命财产带来巨大的损失。因此，防止气象衍生灾害的发生与蔓延是云南气象减灾防灾的重要组成部分。

云南的气象衍生灾害主要有地质灾害、农林生物灾害和森林火灾三大类。

5.1 地质灾害

5.1.1 概述

地质灾害是指在自然或人为因素影响下形成的，对人类生命财产造成损害的崩塌、滑坡、泥石流、地面塌陷、地裂缝、地面沉降等地质事件。其中崩塌、滑坡、泥石流（简称崩滑流）是云南最主要的地质灾害，常造成重大人员伤亡和经济损失，社会影响极大，是云南主要自然灾害之一。许多地质灾害是在地质条件背景下，由于降水诱发产生，因而地质灾害的发生不但取决于地质条件，还与该区域的降水强度密切相关，因此被列为气象衍生灾害之一。

5.1.2 风险区划

全省崩塌、滑坡、泥石流灾害强度根据地质条件和气象影响因素分为极强活动区、强活动区、中度活动和轻度活动区，相应气象地质灾害风险也可分为高风险区、较高风险区、中度风险区和低风险区。主要有15个崩塌、滑坡、泥石流严重危害地带：宁蒗金棉河滑坡、泥石流危害段；龙川江中、下游滑坡、泥石流危害段；禄劝普福、撒马基滑坡危害段；普渡河三江口崩塌危害段；小江泥石流、滑坡危害段；金源泥石流危害段；六库老窝河泥石流、滑坡危害段；杉阳泥石流、滑坡危害段；漾濞江泥石流、滑坡危害段；云县坡、幸福头道水泥石流、滑坡危害段；南涧泥石流、滑坡危害段；祥云鹿鸣河泥石流、滑坡危害段；马关老君山滑坡危害段；龙陵县平达、象达滑坡、泥石流危害段；宁洱勐先河、糯嘎河滑坡、泥石流危害段。

5.1.3 灾害防御

生物措施：主要内容是恢复植被和合理耕牧，包括植树种草、营造防护林、坡改梯、水改旱等改善生态环境的措施。

工程措施：在泥石流的形成、流通、堆积区内，相应采取蓄水、引水工程，拦挡、支护工程，排导、引渡工程，停淤工程及改土护坡工程等治理工程，以控制泥石流的发生和危害。

5.2 农林生物灾害

5.2.1 概述

农林生物灾害主要是指由严重危害农作物和森林的病、虫、草、鼠等有害生物在一定的环境条件(主要是气候条件)下暴发或流行,造成农作物大面积、大幅度减产甚至完全绝收或品质严重下降,导致农产品大批量损失的自然变异过程,或者森林大面积枯萎、死亡的现象。

云南的生物灾害主要有农作物病害(如稻瘟病、稻白叶枯病、稻条纹叶枯病,玉米丝黑穗病、玉米穗腐病、玉米大小斑病、小麦条锈病、秆锈病、叶锈病,蚕豆锈病、根腐病、赤斑病,细菌性枯萎病,油菜白锈病,白菜软腐病,白茶黑斑病,瓜类白粉病等)、农业虫害(如斑潜蝇、稻飞虱、稻螟虫、稻纵卷叶螟、稻瘿蚊、粘虫、蛴螬、地老虎、蚜虫等)、农田杂草(大面积稻田草害主要以眼子草和稗草为主,南部热区尚有难除的莎草科植物危害)、农田和森林鼠害、森林病害(如松赤枯病、松落针病、松针锈病、松疱锈病)、森林虫害(如松毛虫、松纵坑切梢小蠹、松叶蜂、木蠹象、蚜虫、蚧壳虫)和生物入侵带来的灾害(如紫茎泽兰、水葫芦、薇甘菊、水芙蓉等)等等。

一般农作物病害的流行须具备三个条件,首先是存在大面积种植抗病力差的农作物,其次是存在大量致病力强的病原菌,再次是存在有利病原菌繁殖、传播、侵染的气象条件、栽培条件和田间小气候,并且这些条件能够维持较长时间。农作物虫害的暴发成灾主要由气象、农作物及害虫天敌三方面因素决定。云南林业有害生物发生面积和危害程度呈逐年上升趋势的主要原因有:整体森林生态环境退化,加剧了林业有害生物的生存和发展;持续多年的暖冬天气,造成了越冬害虫存活率偏高,一些喜温偏阳性害虫生长速率加快;一些病虫害处于高发期;森林功能低下,树种结构单一,生物多样性匮乏,林木感染有害生物后,容易传播蔓延;监测手段落后,不能及时掌握病虫害发生情况;国内外经济贸易活动日趋频繁,物流剧增,检验检疫工作难度加大,有害生物入侵、传播和扩散的风险增加;外来有害生物监测预警工作难度大,难于控制疫情扩散。

5.2.2 风险评估

由于云南优越的气候和农林病虫害的插花性分布特征,云南的农林生物灾害呈现面积大、分布广的特点。资料分析表明,云南农业生物灾害各地都存在发生和蔓延的气候条件,森林生物灾害在全省各林区都会发生。因此,对于农林生物灾害,其发生的风险性大小主要与作物种类、品种关系密切,森林病虫害则主要与林区面积和植物种类相关。

另外,由于云南省国境线长,使得境外的农林病虫害和有害生物向境内传播提供了条件。由于云南境外的大部分国家气候温暖,加之全球变暖的趋势,境外的农林病虫害具有更好的越冬条件,也给云南的农林生物灾害防治带来了挑战。

5.2.3 灾害防御

强化田间综合防治,综合采取物理防治、生物防治、人工防治、化学防治等方法。

物理防治：即采用物理的方法消灭害虫或改变其物理环境，阻隔害虫入侵。

生物防治：保护有害生物天敌种类和数量以达到杀灭害虫。

人工防治：采取捕鼠、清扫、深翻、焚烧等措施毁灭病源。

化学防治：使用化学农药杀灭有害生物。

5.3 森林火灾

5.3.1 概述

森林火灾是指在森林燃烧中失去人为控制，对森林产生破坏性作用的一种自由燃烧现象。森林可燃物、气象条件和火源是发生森林火灾必须具备的三个条件。影响林火发生的主要气象条件有降水量、气温、风速、空气湿度，此外连旱日数长短、云量多少等都能影响林火的发生发展。

5.3.2 风险评估

由于自然和人为因素的影响，云南是我国森林火灾频发的省份之一，森林火灾具有突发性强、危害性大、扑救困难等特点。同时，云南又是一个集边疆、山区、民族、贫困等特点为一体的省份，由于地形地貌、气候环境、森林分布和生产生活用火的多样性、复杂性，构成了云南森林防火的特殊性，即点多、面广、战线长、难度大。

由于云南季风气候的特性，从时间上看，云南的森林火灾发生的气象条件的风险性在干季几乎遍及全省每个片森林，区域的风险性更主要的是由森林面积、性质、植物种类和人类活动所决定。因此，在云南只要有森林的区域，风险无处不在，其中130个重点林区分布在全省的大部分地区，这就使得云南的森林防火形势异常严峻。

5.3.3 灾害防御

加强人工增雨对预防和扑救森林火灾的研究，在森林火灾高发期择机作业，是减轻干旱灾害，降低森林火灾发生率的有效途径。

计划烧除，减少森林可燃物的堆积。

严格执行《森林防火条例》，积极做好扑救森林火灾的准备工作。

6 气象预警信号介绍

预警信号的级别依据气象灾害可能造成的危害程度、紧急程度和发展态势一般划分为四级：Ⅳ级（一般）、Ⅲ级（较重）、Ⅱ级（严重）、Ⅰ级（特别严重），依次用蓝色、黄色、橙色和红色表示，同时以中英文标识。中国气象局将气象灾害预警信号分为台风、暴雨、暴雪、寒潮、大风、沙尘暴、高温、干旱、雷电、冰雹、霜冻、大雾、霾、道路结冰等共14类。由于云南特殊的地理位置，台风和沙尘暴很少出现，云南省各级气象部门发布的气象灾害预警信号分为暴雨、寒潮、暴雪、干旱、霜冻、大雾、雷电、高温、大风、冰雹、霾、道路结冰等共12类。具体分类等级及防御指南见下表。

云南省气象灾害预警信号分类等级及防御指南

信号名称	信号图标	信号含义	防御指南
暴雨预警信号		12 小时内降雨量将达 50 mm 以上，或者已达 50 mm 以上且降雨可能持续。	1. 政府及相关部门按照职责做好防暴雨准备工作； 2. 学校、幼儿园采取适当措施，保证学生和幼儿安全； 3. 驾驶人员应当注意道路积水和交通阻塞，确保安全； 4. 检查城市、农田、鱼塘排水系统，做好排涝准备。
		6 小时内降雨量将达 50 mm 以上，或者已达 50 mm 以上且降雨可能持续。	1. 政府及相关部门按照职责做好防暴雨工作； 2. 交通管理部门应当根据路况在强降雨路段采取交通管制措施，在积水路段实行交通引导； 3. 切断低洼地带有危险的室外电源，暂停在空旷地方的户外作业，转移危险地带人员和危房居民到安全场所避雨； 4. 检查城市、农田、鱼塘排水系统，采取必要的排涝措施。
		3 小时内降雨量将达 50 mm 以上，或者已达 50 mm 以上且降雨可能持续。	1. 政府及相关部门按照职责做好防暴雨应急工作； 2. 切断有危险的室外电源，暂停户外作业； 3. 处于危险地带的单位应当停课、停业，采取专门措施保护已到校学生、幼儿和其他上班人员的安全； 4. 做好城市、农田的排涝，注意防范可能引发的山洪、滑坡、泥石流等灾害。

续表

信号名称	信号图标	信号含义	防御指南
暴雨预警信号		3 小时内降雨量将达 100 mm 以上，或者已达 100 mm 以上且降雨可能持续。	1. 政府及相关部门按照职责做好防暴雨应急和抢险工作； 2. 停止集会、停课、停业(除特殊行业外)； 3. 做好山洪、滑坡、泥石流等灾害的防御和抢险工作。
暴雪预警信号		12 小时内降雪量将达 4 mm 以上，或者已达 4 mm 以上且降雪持续，可能对交通或者农牧业有影响。	1. 政府及有关部门按照职责做好防雪灾和防冻害准备工作； 2. 交通、铁路、电力、通信等部门应当进行道路、铁路、线路巡查维护，做好道路清扫和积雪融化工作； 3. 行人注意防寒防滑，驾驶人员小心驾驶，车辆应当采取防滑措施； 4. 农牧区和种养殖业要储备饲料，做好防雪灾和防冻害准备； 5. 加固棚架等易被雪压的临时搭建物。
		12 小时内降雪量将达 6 mm 以上，或者已达 6 mm 以上且降雪持续，可能对交通或者农牧业有影响。	1. 政府及相关部门按照职责落实防雪灾和防冻害措施； 2. 交通、铁路、电力、通信等部门应当加强道路、铁路、线路巡查维护，做好道路清扫和积雪融化工作； 3. 行人注意防寒防滑，驾驶人员小心驾驶，车辆应当采取防滑措施； 4. 农牧区和种养殖业要备足饲料，做好防雪灾和防冻害准备； 5. 加固棚架等易被雪压的临时搭建物。

续表

信号名称	信号图标	信号含义	防御指南
暴雪预警信号		6 小时内降雪量将达 10 mm 以上，或者已达 10 mm 以上且降雪持续，可能或者已经对交通或者农牧业有较大影响。	1. 政府及相关部门按照职责做好防雪灾和防冻害的应急工作； 2. 交通、铁路、电力、通信等部门应当加强道路、铁路、线路巡查维护，做好道路清扫和积雪融化工作； 3. 减少不必要的户外活动； 4. 加固棚架等易被雪压的临时搭建物，将户外牲畜赶入棚圈喂养。
		6 小时内降雪量将达 15 mm 以上，或者已达 15 mm 以上且降雪持续，可能或者已经对交通或者农牧业有较大影响。	1. 政府及相关部门按照职责做好防雪灾和防冻害的应急和抢险工作； 2. 必要时停课、停业（除特殊行业外）； 3. 必要时飞机暂停起降，火车暂停运行，高速公路暂时封闭； 4. 做好牧区等救灾救济工作。
寒潮预警信号	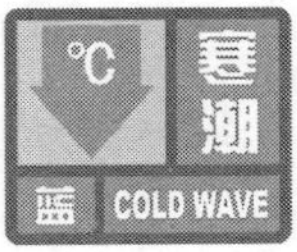	24 小时内日平均温度将要下降 6℃以上，最低气温小于等于 5℃；或日平均温度已经下降 6℃以上，最低气温小于等于 5℃并可能持续。	1. 人员要注意添衣保暖，热带作物及水产养殖品种应采取一定的防寒和防风措施； 2. 把门窗、围板、棚架、临时搭建物等易被大风吹动的搭建物固紧，妥善安置易受寒潮大风影响的室外物品； 3. 船舶应到避风场所避风，通知高空、水上等户外作业人员停止作业； 4. 要留意有关媒体报道大风降温的最新信息，以便采取进一步措施； 5. 在生产上做好对寒潮大风天气的防御准备。

续表

信号名称	信号图标	信号含义	防御指南
寒潮预警信号		24小时内日平均温度将要下降8℃以上，最低气温小于等于5℃；或日平均温度已经下降8℃以上，最低气温小于等于5℃并可能持续。	1. 做好人员(尤其是老弱病人)的防寒保暖和防风工作； 2. 做好牲畜、家禽的防寒防风，对热带、亚热带水果及有关水产、农作物等种养品种采取防寒防风措施； 其他同寒潮蓝色预警信号。
	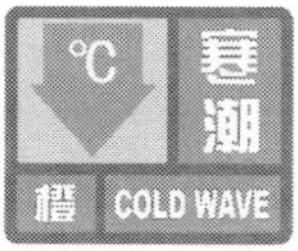	24小时内日平均温度将要下降10℃以上，最低气温小于等于0℃；或日平均温度已经下降10℃以上，最低气温小于等于0℃并可能持续。	1. 加强人员(尤其是老弱病人)的防寒保暖和防风工作； 2. 进一步做好牲畜、家禽的防寒保暖工作； 3. 农业、水产业、畜牧业等要积极采取防霜冻、冰冻和大风措施，尽量减少损失； 其他同寒潮黄色预警信号。
	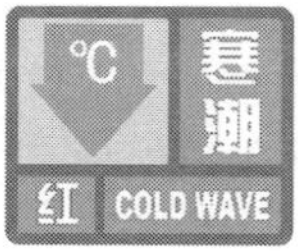	24小时内日平均气温将要下降16℃以上，最低气温小于等于0℃，陆地平均风力可达6级以上；或者已经下降16℃以上，最低气温小于等于0℃，平均风力达6级以上，并可能持续。	1. 政府及相关部门按照职责做好防寒潮的应急和抢险工作； 2. 注意防寒保暖； 3. 农业、水产业、畜牧业等要积极采取防霜冻、冰冻等防寒措施，尽量减少损失； 4. 做好防风工作。

续表

信号名称	信号图标	信号含义	防御指南
大风预警信号		24 小时内可能受大风影响，平均风力可达 6 级以上，或者阵风 7 级以上；或者已经受大风影响，平均风力为 6～7 级，或者阵风 7～8 级并可能持续。	1. 政府及相关部门按照职责做好防大风工作； 2. 关好门窗，加固围栏、棚架、广告牌等易被风吹动的搭建物，妥善安置易受大风影响的室外物品，遮盖建筑物资； 3. 相关水域水上作业和过往船舶采取积极的应对措施，如回港避风或者绕道航行等； 4. 行人注意尽量少骑自行车，刮风时不要在广告牌、临时搭建物等下面逗留； 5. 有关部门和单位注意森林、草原等防火。
		12 小时内可能受大风影响，平均风力可达 8 级以上，或者阵风 9 级以上；或者已经受大风影响，平均风力为 8～9 级，或者阵风 9～10 级并可能持续。	1. 政府及相关部门按照职责做好防大风工作； 2. 停止露天活动和高空等户外危险作业，危险地带人员和危房居民尽量转到避风场所避风； 3. 相关水域水上作业和过往船舶采取积极的应对措施，加固港口设施，防止船舶走锚、搁浅和碰撞； 4. 切断户外危险电源，妥善安置易受大风影响的室外物品，遮盖建筑物资； 5. 机场、高速公路等单位应当采取保障交通安全的措施，有关部门和单位注意森林、草原等防火。

续表

信号名称	信号图标	信号含义	防御指南
大风预警信号		6小时内可能受大风影响，平均风力可达10级以上，或者阵风11级以上；或者已经受大风影响，平均风力为10～11级，或者阵风11～12级并可能持续。	1.政府及相关部门按照职责做好防大风应急工作； 2.房屋抗风能力较弱的中小学校和单位应当停课、停业，人员减少外出； 3.相关水域水上作业和过往船舶应当回港避风，加固港口设施，防止船舶走锚、搁浅和碰撞； 4.切断危险电源，妥善安置易受大风影响的室外物品，遮盖建筑物资； 5.机场、铁路、高速公路、水上交通等单位应当采取保障交通安全的措施，有关部门和单位注意森林、草原等防火。
		6小时内可能受大风影响，平均风力可达12级以上，或者阵风13级以上；或者已经受大风影响，平均风力为12级以上，或者阵风13级以上并可能持续。	1.政府及相关部门按照职责做好防大风应急和抢险工作； 2.人员应当尽可能停留在防风安全的地方，不要随意外出； 3.回港避风的船舶要视情况采取积极措施，妥善安排人员留守或者转移到安全地带； 4.切断危险电源，妥善安置易受大风影响的室外物品，遮盖建筑物资； 5.机场、铁路、高速公路、水上交通等单位应当采取保障交通安全的措施，有关部门和单位注意森林、草原等防火。

续表

信号名称	信号图标	信号含义	防御指南
高温预警信号		连续三天日最高气温将在 35℃以上。	1. 有关部门和单位按照职责做好防暑降温准备工作； 2. 午后尽量减少户外活动； 3. 对老、弱、病、幼人群提供防暑降温指导； 4. 高温条件下作业和白天需要长时间进行户外露天作业的人员应当采取必要的防护措施。
		24 小时内最高气温将升至37℃以上。	1. 有关部门和单位按照职责落实防暑降温保障措施； 2. 尽量避免在高温时段进行户外活动，高温条件下作业的人员应当缩短连续工作时间； 3. 对老、弱、病、幼人群提供防暑降温指导，并采取必要的防护措施； 4. 有关部门和单位应当注意防范因用电量过高，以及电线、变压器等电力负载过大而引发的火灾。
		24 小时内最高气温将升至40℃以上。	1. 有关部门和单位按照职责采取防暑降温应急措施； 2. 停止户外露天作业（除特殊行业外）； 3. 对老、弱、病、幼人群采取保护措施； 4. 有关部门和单位要特别注意防火。

续表

信号名称	信号图标	信号含义	防御指南
干旱预警信号		预计未来一周综合气象干旱指数达到重旱（气象干旱为 25—50 年一遇），或者某一县（区）有 40%以上的农作物受旱。	1. 有关部门和单位按照职责做好防御干旱的应急工作； 2. 有关部门启用应急备用水源，调度辖区内一切可用水源，优先保障城乡居民生活用水和牲畜饮水； 3. 压减城镇供水指标，优先经济作物灌溉用水，限制大量农业灌溉用水； 4. 限制非生产性高耗水及服务业用水，限制排放工业污水； 5. 气象部门适时进行人工增雨作业。
		预计未来一周综合气象干旱指数达到特旱（气象干旱为 50 年以上一遇），或者某一县（区）有 60%以上的农作物受旱。	1. 有关部门和单位按照职责做好防御干旱的应急和救灾工作； 2. 各级政府和有关部门启动远距离调水等应急供水方案，采取提外水、打深井、车载送水等多种手段，确保城乡居民生活和牲畜饮水； 3. 限时或者限量供应城镇居民生活用水，缩小或者阶段性停止农业灌溉供水； 4. 严禁非生产性高耗水及服务业用水，暂停排放工业污水； 5. 气象部门适时加大人工增雨作业力度。

续表

信号名称	信号图标	信号含义	防御指南
雷电预警信号		6小时内可能发生雷电活动，可能会造成雷电灾害事故。	1. 政府及相关部门按照职责做好防雷工作； 2. 密切关注天气，尽量避免户外活动。
		2小时内发生雷电活动的可能性很大，或者已经受雷电活动影响，且可能持续，出现雷电灾害事故的可能性比较大。	1. 政府及相关部门按照职责落实防雷应急措施； 2. 人员应当留在室内，并关好门窗； 3. 户外人员应当躲入有防雷设施的建筑物或者汽车内； 4. 切断危险电源，不要在树下、电杆下、塔吊下避雨； 5. 在空旷场地不要打伞，不要把农具、羽毛球拍、高尔夫球杆等扛在肩上。
		2小时内发生雷电活动的可能性非常大，或者已经有强烈的雷电活动发生，且可能持续，出现雷电灾害事故的可能性非常大。	1. 政府及相关部门按照职责做好防雷应急抢险工作； 2. 人员应当尽量躲入有防雷设施的建筑物或者汽车内，并关好门窗； 3. 切勿接触天线、水管、铁丝网、金属门窗、建筑物外墙，远离电线等带电设备和其他类似金属装置； 4. 尽量不要使用无防雷装置或者防雷装置不完备的电视、电话等电器； 5. 密切注意雷电预警信息的发布。

续表

信号名称	信号图标	信号含义	防御指南
冰雹预警信号		6小时内可能出现冰雹天气，并可能造成雹灾。	1. 政府及相关部门按照职责做好防冰雹的应急工作； 2. 气象部门做好人工防雹作业准备并择机进行作业； 3. 户外行人立即到安全的地方暂避； 4. 驱赶家禽、牲畜进入有顶蓬的场所，妥善保护易受冰雹袭击的汽车等室外物品或者设备； 5. 注意防御冰雹天气伴随的雷电灾害。
		2小时内出现冰雹可能性极大，并可能造成重雹灾。	1. 政府及相关部门按照职责做好防冰雹的应急和抢险工作； 2. 气象部门适时开展人工防雹作业； 3. 户外行人立即到安全的地方暂避； 4. 驱赶家禽、牲畜进入有顶蓬的场所，妥善保护易受冰雹袭击的汽车等室外物品或者设备； 5. 注意防御冰雹天气伴随的雷电灾害。
霜冻预警信号		48小时内地面最低温度将要下降到0℃以下，对农业将产生影响，或者已经降到0℃以下，对农业已经产生影响，并可能持续。	1. 政府及农林主管部门按照职责做好防霜冻准备工作； 2. 对农作物、蔬菜、花卉、瓜果、林业育种要采取一定的防护措施； 3. 农村基层组织和农户要关注当地霜冻预警信息，以便采取措施加强防护。

续表

信号名称	信号图标	信号含义	防御指南
霜冻预警信号		24小时内最低气温将要≤2℃（滇南地区4℃）且有出现霜冻的可能；或已出现了霜冻且最低气温≤2℃（滇南地区4℃）并可能持续。	1. 人员要注意添衣保暖，越冬作物、热带亚热带果树等及水产养殖品种应采取一定的防寒措施； 2. 要留意有关媒体报道霜冻的最新信息，以便采取进一步措施； 3. 在生产、生活上做好对霜冻天气的防御准备。
		24小时内最低气温将要≤0℃（滇南地区2℃）且有出现霜冻、冰冻的可能；或已出现了霜冻、冰冻且最低气温≤0℃（滇南地区2℃）并可能持续。	1. 做好人员（尤其是老弱病人）的防寒保暖工作； 2. 做好牲畜、家禽的防寒，对热带亚热带果树及有关水产、农作物等种养品种采取防寒措施； 其它同霜冻黄色预警信号。
大雾预警信号		12小时内可能出现能见度小于500 m的浓雾，或者已经出现能见度小于500 m、大于等于200 m的浓雾并将持续。	1. 有关部门和单位按照职责做好防浓雾准备工作； 2. 机场、高速公路、轮渡码头等单位加强交通管理，保障安全； 3. 驾驶人员注意雾的变化，小心驾驶； 4. 户外活动注意安全。

续表

信号名称	信号图标	信号含义	防御指南
大雾预警信号		6 小时内可能出现能见度小于 200 m 的浓雾，或者已经出现能见度小于 200 m、大于等于 50 m 的浓雾并将持续。	1. 有关部门和单位按照职责做好防浓雾工作； 2. 机场、高速公路、轮渡码头等单位加强调度指挥； 3. 驾驶人员必须严格控制车、船的行进速度； 4. 减少户外活动。
		2 小时内可能出现能见度小于 50 m 的强浓雾，或者已经出现能见度小于 50 m 的强浓雾并将持续。	1. 有关部门和单位按照职责做好防强浓雾应急工作； 2. 有关单位按照行业规定适时采取交通安全管制措施，如机场暂停飞机起降，高速公路暂时封闭，轮渡暂时停航等； 3. 驾驶人员根据强浓雾天行驶规定，采取强浓雾天预防措施，根据环境条件采取合理行驶方式，并尽快寻找安全停放区域停靠； 4. 不要进行户外活动。
霾预警信号		12 小时内可能出现能见度小于 3000 m 的霾，或者已经出现能见度小于 3000 m 的霾且可能持续。	1. 驾驶人员小心驾驶； 2. 因空气质量明显降低，人员需适当防护； 3. 呼吸道疾病患者尽量减少外出，外出时可带上口罩。

续表

<table>
<tr><th>信号名称</th><th>信号图标</th><th>信号含义</th><th>防御指南</th></tr>
<tr><td>霾预警信号</td><td>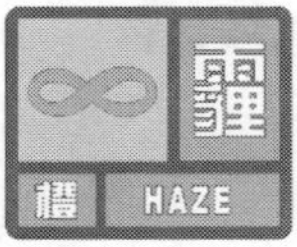
</td><td>6小时内可能出现能见度小于2000 m的霾，或者已经出现能见度小于2000 m的霾且可能持续。</td><td>1. 机场、高速公路、轮渡码头等单位加强交通管理，保障安全；
2. 驾驶人员谨慎驾驶；
3. 空气质量差，人员需适当防护；
4. 人员减少户外活动，呼吸道疾病患者尽量避免外出，外出时可带上口罩。</td></tr>
<tr><td rowspan="3">道路结冰预警信号</td><td>
</td><td>12小时内可能出现对交通有影响的道路结冰。</td><td>1. 交通、公安等部门要做好应对准备工作；
2. 驾驶人员应注意路况，安全行使。</td></tr>
<tr><td>
</td><td>6小时内可能出现对交通有较大影响的道路结冰。</td><td>1. 行人出门注意防滑；
2. 公安等部门注意指挥和疏导行使车辆；
3. 驾驶人员应采取防滑措施，听从指挥，慢速行使；
其他同道路结冰黄色预警信号。</td></tr>
<tr><td>
</td><td>2小时内可能出现或者已经出现对交通有很大影响的道路结冰。</td><td>1. 相关应急处置部门随时准备启动应急方案；
2. 必要时关闭结冰道路交通；
其他同道路结冰橙色预警信号。</td></tr>
</table>

7 气象信息员主要工作

7.1 工作义务

负责气象灾害预警信息的接收和传播,能结合当地实际提出灾害防御建议,协助当地政府和有关部门做好防灾减灾工作,并指导社会公众科学避灾。

参加气象防灾减灾技能培训,能够熟练掌握本区域可能发生的各类气象灾害,防御重点及相关防灾避险知识。

负责本区域内特殊天气现象的观测与记录,并及时报告当地气象主管机构。

负责本区域内气象灾害及次生灾害信息的收集和报告,协助当地气象主管机构做好灾情调查、评估和鉴定工作。

协助当地气象主管机构,做好本区域内气象设施的日常维护及管理,开展定期巡查,清洁除尘等日常维护及安全管理工作,发现设备被盗、损坏等异常情况立即报告当地气象主管机构。

协助当地气象主管机构,依法开展本区域内防雷减灾安全管理工作。

负责气象灾害防御知识和气象科普常识的普及、宣传。

收集当地气象服务需求信息及合理化建议，反馈气象服务效果。

协助当地气象主管机构做好其他工作。

7.2 基本要求

具有较好的政治思想素质，热心气象防灾减灾公益事业。

具有一定的管理能力，较强的责任心，能尽职尽责完成工作任务。

熟悉本区域可能发生的各类气象灾害、防御重点区域，经培训熟练掌握相关防灾避险知识。

具有良好身体素质，一般要求年龄在50岁以下，高中以上文化程度。

7.3 工作流程

7.3.1 预警信息传播

在收到气象部门发布的气象灾害预警信息后，应通过有效的手段如广播、电话等及时进行广泛传播，在常规通讯手段失效时也可采用敲锣打鼓等方式及时将预警信息告知周围企业、群众，应尽可能利用农村学校、车站、码头、农贸市场、医院、公共场地等集散地，传递预警信息，使之进村入户，家喻户晓。

7.3.2 气象灾害的防御

在气象灾害来临时，协助当地政府部门开展灾前防御准备，宣传气象灾害防御措施，指导帮助群众开展防灾抗灾。受气象灾害影响时要及时调查周围企业、群众受灾情况，并将灾情调查信息经过整理核实后报送气象部门。灾害结束后及时了解周围群众采取的主要防御措施和取得的效果，为今后防灾积累经验。开展重点单位走访，收集并向气象部门反馈服务效益情况、服务需求，对影响大，服务效益显著的事例，应及时进行宣传，提高周围群众的防灾减灾信心。

7.3.3 特殊天气现象的观测

日常关注天气变化，对发生的特殊天气现象如强降水、降雪（积雪）、龙卷、冰雹、雨凇、雾凇等特殊天气现象及时地实事求是地进行观测与记录，并在第一时间将天气现象发生时间、地点、测量（或目测）数据告知当地气象主管机构。

7.3.4 气象设施巡查

定期巡查所负责的气象设施，对气象设施外观、设施情况、周边环境进行巡查，做好巡查记录，一旦发现异常情况，应初步确认问题所在，拍照现场灾情，以备资料存档。简单的情况现场进行处理，无法解决应尽快通知当地气象主管机构。

参考文献

附录 1:中华人民共和国气象法

附录 2:云南省气象条例

附录 3:云南省气象灾害信息员管理办法(暂行)

附录 4:云南省人工影响天气高炮火箭作业安全规范

附录 5:人工增雨防雹“三七”高炮安全操作程序

附录 6: DAB 卫星数字音频广播接收机功能介绍

参考文献

孙键等. 2009. 气象信息员工作手册. 北京:气象出版社.
孙键等. 2009. 气象信息员知识读本. 北京:气象出版社.
程建刚等. 2009. 云南气象与防灾减灾. 昆明:云南出版集团公司云南科技出版社.
秦剑等. 1997. 低纬高原天气气候. 北京:气象出版社.
秦剑等. 云南气象灾害史料及评估咨询系统. 北京:气象出版社.
曲靖市人工增雨防雹办公室. 2006. 人工增雨防雹法律法规及教材汇编.

附录 1

中华人民共和国气象法

（1999 年 10 月 31 日第九届全国人民代表大会常务委员会第十二次会议通过，1999 年 10 月 31 日中华人民共和国主席令第 23 号公布 自 2000 年 1 月 1 日起施行）

目　录

第一章 总 则

第一条 为了发展气象事业，规范气象工作，准确、及时地发布气象预报，防御气象灾害，合理开发利用和保护气候资源，为经济建设、国防建设、社会发展和人民生活提供气象服务，制定本法。

第二条 在中华人民共和国领域和中华人民共和国管辖的其他海域从事气象探测、预报、服务和气象灾害防御、气候资源利用、气象科学技术研究等活动，应当遵守本法。

第三条 气象事业是经济建设、国防建设、社会发展和人民生活的基础性公益事业，气象工作应当把公益性气象服务放在首位。

县级以上人民政府应当加强对气象工作的领导和协调，将气象事业纳入中央和地方同级国民经济和社会发展计划及财政预算，以保障其充分发挥为社会公众、政府决策和经济发展服务的功能。

县级以上地方人民政府根据当地社会经济发展的需要所建设的地方气象事业项目，其投资主要由本级财政承担。

气象台站在确保公益性气象无偿服务的前提下，可以依法开展气象有偿服务。

第四条 县、市气象主管机构所属的气象台站应当主要为农业生产服务，及时主动提供保障当地农业生产所需的公益性气象信息服务。

第五条 国务院气象主管机构负责全国的气象工作。地方各级气象主管机构在上级气象主管机构和本级人民政府的领导下，负责本行政区域内的气象工作。

国务院其他有关部门和省、自治区、直辖市人民政府其他有关部门所属的气象台站，应当接受同级气象主管机构对其气象工作的指导、监督和行业管理。

第六条　从事气象业务活动，应当遵守国家制定的气象技术标准、规范和规程。

第七条　国家鼓励和支持气象科学技术研究、气象科学知识普及，培养气象人才，推广先进的气象科学技术，保护气象科技成果，加强国际气象合作与交流，发展气象信息产业，提高气象工作水平。

各级人民政府应当关心和支持少数民族地区、边远贫困地区、艰苦地区和海岛的气象台站的建设和运行。

对在气象工作中做出突出贡献的单位和个人，给予奖励。

第八条　外国的组织和个人在中华人民共和国领域和中华人民共和国管辖的其他海域从事气象活动，必须经国务院气象主管机构会同有关部门批准。

第二章　气象设施的建设与管理

第九条　国务院气象主管机构应当组织有关部门编制气象探测设施、气象信息专用传输设施、大型气象专用技术装备等重要气象设施的建设规划，报国务院批准后实施。气象设施建设规划的调整、修改，必须报国务院批准。

编制气象设施建设规划，应当遵循合理布局、有效利用、兼顾当前与长远需要的原则，避免重复建设。

第十条 重要气象设施建设项目，在项目建议书和可行性研究报告报批前，应当按照项目相应的审批权限，经国务院气象主管机构或者省、自治区、直辖市气象主管机构审查同意。

第十一条 国家依法保护气象设施，任何组织或者个人不得侵占、损毁或者擅自移动气象设施。

气象设施因不可抗力遭受破坏时，当地人民政府应当采取紧急措施，组织力量修复，确保气象设施正常运行。

第十二条 未经依法批准，任何组织或者个人不得迁移气象台站；确因实施城市规划或者国家重点工程建设，需要迁移国家基准气候站、基本气象站的，应当报经国务院气象主管机构批准；需要迁移其他气象台站的，应当报经省、自治区、直辖市气象主管机构批准。迁建费用由建设单位承担。

第十三条 气象专用技术装备应当符合国务院气象主管机构规定的技术要求，并经国务院气象主管机构审查合格；未经审查或者审查不合格的，不得在气象业务中使用。

第十四条 气象计量器具应当依照《中华人民共和国计量法》的有关规定，经气象计量检定机构检定。未经检定、检定不合格或者超过检定有效期的气象计量器具，不得使用。

国务院气象主管机构和省、自治区、直辖市气象主管机构可以根据需要建立气象计量标准器具，其各项最高计量标准器具依照《中华人民共和国计量法》的规定，经考核合格后，方可使用。

第三章　气象探测

第十五条　各级气象主管机构所属的气象台站，应当按照国务院气象主管机构的规定，进行气象探测并向有关气象主管机构汇交气象探测资料。未经上级气象主管机构批准，不得中止气象探测。

国务院气象主管机构及有关地方气象主管机构应当按照国家规定适时发布基本气象探测资料。

第十六条　国务院其他有关部门和省、自治区、直辖市人民政府其他有关部门所属的气象台站及其他从事气象探测的组织和个人，应当按照国家有关规定向国务院气象主管机构或者省、自治区、直辖市气象主管机构汇交所获得的气象探测资料。

各级气象主管机构应当按照气象资料共享、共用的原则，根据国家有关规定，与其他从事气象工作的机构交换有关气象信息资料。

第十七条　在中华人民共和国内水、领海和中华人民共和国管辖的其他海域的海上钻井平台和具有中华人民共和国国籍的在国际航线上飞行的航空器、远洋航行的船舶，应当按照国家有关规定进行气象探测并报告气象探测信息。

第十八条　基本气象探测资料以外的气象探测资料需要保密的，其密级的确定、变更和解密以及使用，依照《中华人民共和国保守国家秘密法》的规定执行。

第十九条　国家依法保护气象探测环境，任何组织和个人都有保护气象探测环境的义务。

第二十条 禁止下列危害气象探测环境的行为：

（一）在气象探测环境保护范围内设置障碍物、进行爆破和采石；

（二）在气象探测环境保护范围内设置影响气象探测设施工作效能的高频电磁辐射装置；

（三）在气象探测环境保护范围内从事其他影响气象探测的行为。

气象探测环境保护范围的划定标准由国务院气象主管机构规定。各级人民政府应当按照法定标准划定气象探测环境的保护范围，并纳入城市规划或者村庄和集镇规划。

第二十一条 新建、扩建、改建建设工程，应当避免危害气象探测环境；确实无法避免的，属于国家基准气候站、基本气象站的探测环境，建设单位应当事先征得国务院气象主管机构的同意，属于其他气象台站的探测环境，应当事先征得省、自治区、直辖市气象主管机构的同意，并采取相应的措施后，方可建设。

第四章 气象预报与灾害性天气警报

第二十二条 国家对公众气象预报和灾害性天气警报实行统一发布制度。

各级气象主管机构所属的气象台站应当按照职责向社会发布公众气象预报和灾害性天气警报，并根据天气变化情况及时补充或者订正。其他任何组织或者个人不得向社会发布公众气象预报和灾害性天气警报。

国务院其他有关部门和省、自治区、直辖市人民政府其他有关部门所属的气象台站，可以发布供本系统使用的专项气象预报。

各级气象主管机构及其所属的气象台站应当提高公众气象预报和灾害性天气警报的准确性、及时性和服务水平。

第二十三条 各级气象主管机构所属的气象台站应当根据需要，发布农业气象预报、城市环境气象预报、火险气象等级预报等专业气象预报，并配合军事气象部门进行国防建设所需的气象服务工作。

第二十四条 各级广播、电视台站和省级人民政府指定的报纸，应当安排专门的时间或者版面，每天播发或者刊登公众气象预报或者灾害性天气警报。

各级气象主管机构所属的气象台站应当保证其制作的气象预报节目的质量。

广播、电视播出单位改变气象预报节目播发时间安排的，应当事先征得有关气象台站的同意；对国计民生可能产生重大影响的灾害性天气警报和补充、订正的气象预报，应当及时增播或者插播。

第二十五条 广播、电视、报纸、电信等媒体向社会传播气象预报和灾害性天气警报，必须使用气象主管机构所属的气象台站提供的适时气象信息，并标明发布时间和气象台站的名称。通过传播气象信息获得的收益，应当提取一部分支持气象事业的发展。

第二十六条 信息产业部门应当与气象主管机构密切配合，确保气象通信畅通，准确、及时地传递气象情报、气象预报和灾害性天气警报。

气象无线电专用频道和信道受国家保护，任何组织或者个人不得挤占和干扰。

第五章　气象灾害防御

第二十七条　县级以上人民政府应当加强气象灾害监测、预警系统建设，组织有关部门编制气象灾害防御规划，并采取有效措施，提高防御气象灾害的能力。有关组织和个人应当服从人民政府的指挥和安排，做好气象灾害防御工作。

第二十八条　各级气象主管机构应当组织对重大灾害性天气的跨地区、跨部门的联合监测、预报工作，及时提出气象灾害防御措施，并对重大气象灾害作出评估，为本级人民政府组织防御气象灾害提供决策依据。

各级气象主管机构所属的气象台站应当加强对可能影响当地的灾害性天气的监测和预报，并及时报告有关气象主管机构。其他有关部门所属的气象台站和与灾害性天气监测、预报有关的单位应当及时向气象主管机构提供监测、预报气象灾害所需要的气象探测信息和有关的水情、风暴潮等监测信息。

第二十九条　县级以上地方人民政府应当根据防御气象灾害的需要，制定气象灾害防御方案，并根据气象主管机构提供的气象信息，组织实施气象灾害防御方案，避免或者减轻气象灾害。

第三十条　县级以上人民政府应当加强对人工影响天气工作的领导，并根据实际情况，有组织、有计划地开展人工影响天气工作。

国务院气象主管机构应当加强对全国人工影响天气工

作的管理和指导。地方各级气象主管机构应当制定人工影响天气作业方案，并在本级人民政府的领导和协调下，管理、指导和组织实施人工影响天气作业。有关部门应当按照职责分工，配合气象主管机构做好人工影响天气的有关工作。

实施人工影响天气作业的组织必须具备省、自治区、直辖市气象主管机构规定的资格条件，并使用符合国务院气象主管机构要求的技术标准的作业设备，遵守作业规范。

第三十一条　各级气象主管机构应当加强对雷电灾害防御工作的组织管理，并会同有关部门指导对可能遭受雷击的建筑物、构筑物和其他设施安装的雷电灾害防护装置的检测工作。

安装的雷电灾害防护装置应当符合国务院气象主管机构规定的使用要求。

第六章　气候资源开发利用和保护

第三十二条　国务院气象主管机构负责全国气候资源的综合调查、区划工作，组织进行气候监测、分析、评价，并对可能引起气候恶化的大气成分进行监测，定期发布全国气候状况公报。

第三十三条　县级以上地方人民政府应当根据本地区气候资源的特点，对气候资源开发利用的方向和保护的重点作出规划。

地方各级气象主管机构应当根据本级人民政府的规划，向本级人民政府和同级有关部门提出利用、保护气候资源和推广应用气候资源区划等成果的建议。

第三十四条　各级气象主管机构应当组织对城市规划、国家重点建设工程、重大区域性经济开发项目和大型太阳能、风能等气候资源开发利用项目进行气候可行性论证。

具有大气环境影响评价资格的单位进行工程建设项目大气环境影响评价时，应当使用气象主管机构提供或者经其审查的气象资料。

第七章　法律责任

第三十五条　违反本法规定，有下列行为之一的，由有关气象主管机构按照权限责令停止违法行为，限期恢复原状或者采取其他补救措施，可以并处五万元以下的罚款；造成损失的，依法承担赔偿责任；构成犯罪的，依法追究刑事责任：

（一）侵占、损毁或者未经批准擅自移动气象设施的；

（二）在气象探测环境保护范围内从事危害气象探测环境活动的。

在气象探测环境保护范围内，违法批准占用土地的，或者非法占用土地新建建筑物或者其他设施的，依照《中华人民共和国城市规划法》或者《中华人民共和国土地管理法》的有关规定处罚。

第三十六条　违反本法规定，使用不符合技术要求的气象专用技术装备，造成危害的，由有关气象主管机构按照权限责令改正，给予警告，可以并处五万元以下的罚款。

第三十七条　违反本法规定，安装不符合使用要求的雷电灾害防护装置的，由有关气象主管机构责令改正，给予警告。使用不符合使用要求的雷电灾害防护装置给他人造成损失的，依法承担赔偿责任。

第三十八条 违反本法规定，有下列行为之一的，由有关气象主管机构按照权限责令改正，给予警告，可以并处五万元以下的罚款：

（一）非法向社会发布公众气象预报、灾害性天气警报的；

（二）广播、电视、报纸、电信等媒体向社会传播公众气象预报、灾害性天气警报，不使用气象主管机构所属的气象台站提供的适时气象信息的；

（三）从事大气环境影响评价的单位进行工程建设项目大气环境影响评价时，使用的气象资料不是气象主管机构提供或者审查的。

第三十九条 违反本法规定，不具备省、自治区、直辖市气象主管机构规定的资格条件实施人工影响天气作业的，或者实施人工影响天气作业使用不符合国务院气象主管机构要求的技术标准的作业设备的，由有关气象主管机构按照权限责令改正，给予警告，可以并处十万元以下的罚款；给他人造成损失的，依法承担赔偿责任；构成犯罪的，依法追究刑事责任。

第四十条 各级气象主管机构及其所属气象台站的工作人员由于玩忽职守，导致重大漏报、错报公众气象预报、灾害性天气警报，以及丢失或者毁坏原始气象探测资料、伪造气象资料等事故的，依法给予行政处分；致使国家利益和人民生命财产遭受重大损失，构成犯罪的，依法追究刑事责任。

第八章　附　则

第四十一条　本法中下列用语的含义是：

（一）气象设施，是指气象探测设施、气象信息专用传输设施、大型气象专用技术装备等。

（二）气象探测，是指利用科技手段对大气和近地层的大气物理过程、现象及其化学性质等进行的系统观察和测量。

（三）气象探测环境，是指为避开各种干扰保证气象探测设施准确获得气象探测信息所必需的最小距离构成的环境空间。

（四）气象灾害，是指台风、暴雨（雪）、寒潮、大风（沙尘暴）、低温、高温、干旱、雷电、冰雹、霜冻和大雾等所造成的灾害。

（五）人工影响天气，是指为避免或者减轻气象灾害，合理利用气候资源，在适当条件下通过科技手段对局部大气的物理、化学过程进行人工影响，实现增雨雪、防雹、消雨、消雾、防霜等目的的活动。

第四十二条　气象台站和其他开展气象有偿服务的单位，从事气象有偿服务的范围、项目、收费等具体管理办法，由国务院依据本法规定。

第四十三条　中国人民解放军气象工作的管理办法，由中央军事委员会制定。

第四十四条　中华人民共和国缔结或者参加的有关气象活动的国际条约与本法有不同规定的，适用该国际条约的规定；但是，中华人民共和国声明保留的条款除外。

第四十五条　本法自 2000 年 1 月 1 日起施行。1994 年 8 月 18 日国务院发布的《中华人民共和国气象条例》同时废止。

附录 2

云南省气象条例

（1998 年 7 月 31 日云南省第九届人民代表大会常务委员会第四次会议通过
根据 2002 年 5 月 30 日云南省第九届人民代表大会常务委员会
第二十八次会议《关于修改＜云南省气象条例＞的决定》修正）

第一章　总　则

第一条　为了防御和减轻气象灾害，合理开发利用和保护气候资源，促进经济建设和社会发展，保障人民生命财产安全，根据《中华人民共和国气象法》和有关法律、法规，结合本省实际，制定本条例。

第二条　在本省行政区域内从事气象探测、预报、科研和气象灾害防御、气候资源利用等活动的单位和个人，必须遵守本条例。

第三条　各级人民政府应当加强对气象工作的领导，把气象事业纳入当地国民经济和社会发展计划，支持气象基础设施建设和气象科学研究，建立健全防御和减轻气象灾害的工作体系，促进气象事业的发展。

各级人民政府应当关心和支持少数民族地区、边远贫困地区、艰苦地区的气象台（站）的建设和运行。

各级人民政府对在气象工作中作出显著成绩的单位和个人应当给予表彰奖励。

第四条　县级以上气象主管部门负责本行政区域内的气象工作，承担气象工作的行政管理职能，其主要职责是：

（一）宣传、贯彻执行气象法律、法规；

（二）制定并组织实施地方气象事业发展规划和计划；

（三）管理大气探测、公众气象预报、农业气象预报、城市环境气象预报、火险气象等级预报、气候监测公报和灾害性天气警报的发布；

（四）开展对气候变化的监测、预测和影响评价；

（五）对重点建设工程、重大经济开发项目、城镇建设规划中的气候条件进行可行性论证和审查；

（六）组织管理和实施人工影响局部天气工作，开展气象卫星遥感监测技术的开发和应用；

（七）组织管理对雷电灾害的防御工作；

（八）参与气象科学研究，组织气象实用技术推广和应用、气象科技知识普及，开展和管理与气象防灾减灾有关的气象科技服务；

（九）法律、法规规定的其他职责。

第五条　外国组织和个人与本省合作进行科研、生产、考察等活动，需我方提供气象资料的，应当按国家规定报省气象主管部门审批。

第二章　地方气象事业

第六条　地方气象事业是地方国民经济和社会发展的

基础性公益事业。坚持气象事业与经济建设发展相适应、地方气象事业与国家气象事业共同发展的原则，促进气象事业发展。

第七条 发展地方气象事业所需基本建设投资和有关事业经费、专项经费，按照国务院和省人民政府的规定，列入同级财政预算。

第八条 地方气象事业建设的主要任务是：

（一）为地方经济建设和防灾减灾服务的大气探测、气象通信、信息、气象灾害的检测和预警系统及其基础设施建设。

（二）与农业综合开发有关的气候资源开发利用、生态环境保护等应用气候工作；

（三）农业气象、气象灾害防御技术的研究、试验及推广应用，气象科技扶贫；

（四）农村气象科技服务网建设；

（五）气象卫星遥感监测系统及其监测技术的开发和应用；

（六）人工影响局部天气工作；

（七）雷电灾害的研究、监测、预警和防御工作；

（八）城市环境气象工作；

（九）地方建设需要的其他气象服务工作。

第三章 气象探测环境和设施保护

第九条 气象台（站）的探测场地、仪器、设施、标志和气象通信的电路、信道受法律保护，任何单位和个人不得擅自移动、侵占或者毁损。

第十条　国家规定的气象探测环境保护范围，由当地气象主管部门向城市建设规划部门备案，纳入城镇建设总体规划。

第十一条　气象台（站）的站址及其基础设施的安置应当长期保持稳定。因重点工程建设、城市建设规划需要迁移一般气象台（站）的，建设单位必须提前一年报经省气象主管部门批准；迁移国家基准站、基本站的，必须按照国家有关规定提前两年报经国务院气象主管部门批准。迁移和重建气象台（站）或者其设施所需费用，由建设单位承担。

迁移的气象台（站）按照规定进行一年的对比观测后，方可拆除旧址。

第十二条　禁止在气象探测环境保护范围内进行对探测有不利影响的工程建设或者其他活动。因特殊情况需要进行工程建设的，土地、建设行政管理部门办理审批手续时，应当征得气象主管部门同意。

第四章　气象预报与灾害性天气警报

第十三条　公众气象预报和灾害性天气警报由各级气象主管部门所属的气象台（站）按照职责统一向社会发布。其他组织或者个人不得向社会发布公众气象预报和灾害性天气警报。

各级气象主管部门所属的气象台（站）根据需要向社会公开发布农业气象预报、城市环境气象预报、火险气象等级预报、气象监测公报等专业气象预报。

第十四条　气象台（站）按照电视播放的技术要求，负责电视气象预报节目的制作。广播电台、电视台应当保证定时播发气象预报节目；如遇特殊情况需要改变播发时间安排的，应当事先征得发布该气象预报的气象台（站）同意；对有重大影响的灾害性天气警报，应当及时增播或者插播。

第十五条 广播、电视、报纸、电信、互联网、公共场所电子屏幕等传播媒体向社会传播气象预报和灾害性天气警报，必须使用气象主管部门所属气象台（站）提供的适时气象信息，并标明气象台（站）的名称和发布时间，不得更改其内容。

通过传播气象信息进行营利性活动的，应当征得气象主管部门所属气象台（站）同意，并从其收益中提取一部分支持气象事业的发展。

第十六条 电信部门应当按照国家有关规定，确保气象通信畅通，准确、及时传递天气预报、灾害性天气警报等气象信息。

第五章 气象防灾减灾与气象服务

第十七条 气象主管部门应当组织对灾害性天气规律及其防御的研究，确定当地气象灾害类型，制定灾害标准，提出防灾减灾措施。

第十八条 各级人民政府应当根据防灾减灾需要，组织开展人工增雨（雪）、防雹、消雨、消雾、防霜和预防、扑救森林火灾等人工影响局部天气工作，其日常工作由同级气象主管部门负责。

人工影响局部天气工作所需经费，由当地财政或者申请者承担。

第十九条　各级气象主管部门应当按照同级人民政府的要求，制定人工影响局部天气工作计划并组织实施。

飞行管制、民航、电信、交通、公安、保险等有关部门应当按照职责分工，配合气象主管部门做好人工影响局部天气的有关工作。

第二十条　各级气象台（站）应当提高灾害性天气的监测、预报水平和服务质量，充分利用气象预报、灾害性天气警报和各种气象信息，为各级政府部署、指挥防灾减灾提供决策服务。

各级气象台（站）应当参与重大气象灾害的调查、评估。

第二十一条　气象台（站）在确保公益性气象无偿服务的前提下，可以根据用户需求开展气象有偿服务。

气象有偿服务的范围、项目、收费等，按国务院的有关规定执行。

第六章　气象资源的开发利用与保护

第二十二条　各级气象主管部门应当组织对本地区气候资源的综合调查，制定气候资源区划，提出利用、保护气候资源的建议，参与气候资源开发利用项目的实施。

第二十三条　气象主管部门应当组织对城镇建设规划、重点建设工程、重大经济开发项目和大型太阳能、风能等气候资源的开发利用项目的气候可行性论证。经论证确认会破坏气候资源、导致气候灾害的，不得审批立项。

第二十四条　具有大气环境影响评价资格的单位进行工程建设项目大气环境影响评价时，应当使用气象主管部门提供或者经其审查的气象资料。

诉讼、保险等活动所需的气象资料，由气象主管部门所属单位提供。

第七章　气象行业技术监督

第二十五条　省气象主管部门对气象行业的技术监督。

气象台（站）实行国家统一的气象技术标准、技术规范和技术规程。

省气象主管部门对农业、林业、农垦、水利、民航、电力等部门所属气象台（站）的气象探测和业务质量进行技术监督，对大型气象设备的布局参与论证。

第二十六条　气象计量器具应当依照《中华人民共和国计量法》的有关规定，经气象计量检定机构检定。禁止使用未经检定、检定不合格或者超过检定有效期的气象计量器具。

气象计量检定机构的各项最高计量标准器具须按照《中华人民共和国计量法》的有关规定，经考核合格后，方可使用。

第二十七条　气象主管部门负责雷电灾害防御工作的组织管理。并会同有关部门指导防雷装置的检测工作。

防雷装置的设计审核、施工监督、竣工验收以及防雷工程的技术服务工作，由当地气象主管部门授权或者委托具有相应资质的单位承担。对新建、改建、扩建的建筑物、构筑物防雷装置的设计审核，当地气象主管部门授权的单位可以会同建设行政主管部门的有关单位进行。

防雷装置设计图纸不符合国务院气象主管部门规定的要求的，不得交付施工；未经验收合格的防雷装置不得投入使用。

第二十八条　防雷装置检测机构应当按照国家公布的有关标准和规范，对建筑物、构筑物和其他设施安装的防雷装置进行检测。

防雷装置检测机构对防雷装置进行检测后，应当出具检测报告。检测报告应当真实、科学、公正。经检测不合格的，应当根据整改意见限期整改。

第二十九条　从事防雷装置检测和防雷工程专业设计或者施工的单位，应当具备国务院气象主管部门规定的资质等级；从事防雷活动的专业技术人员，应当取得相应的资格证书。

第三十条　从事防雷装置检测和防雷工程的设计审核、竣工验收的单位，不得从事防雷工程的专业设计或者施工。

气象主管部门应当对前款规定的执行情况进行监督检查。

第八章　法律责任

第三十一条　违反本条例，有下列行为之一的，由县级以上气象主管部门责令改正，有违法所得的没收违法所得，可以处一千元以上一万元以下的罚款；情节严重的，处一万元以上五万元以下罚款；造成损失的，依法承担民事责任；构成犯罪的，依法追究刑事责任：

（一）擅自移动、侵占气象探测场地、仪器、设施、标志、气象通信电路和信道的；

（二）擅自向社会公开发布公众气象预报和灾害性天气警报的；

（三）未经气象主管部门所属气象台（站）同意，传播其发布的气象信息进行营利性活动的；

（四）建设项目大气环境影响评价使用的气象资料，不是气象主管部门提供或者审查的；

（五）向社会传播气象预报，灾害性天气警报，不使用气象主管部门所属气象台（站）提供的适时气象信息的；

（六）不具备防雷装置检测、防雷工程专业设计或者施工的资质和资格，擅自从事防雷装置检测、防雷工程专业设计或者施工的；

（七）防雷装置设计图纸不符合国务院气象主管部门规定的要求或者防雷装置未经验收合格；擅自施工或者投入使用的；

（八）从事防雷装置检测和防雷工程的设计审核、竣工验收的单位，进行防雷工程专业设计或者施工的。

第二十二条 未经省气象主管部门同意，擅自在气象探测环境保护范围内对气象探测有不利影响的工程建设或者其他活动的，由县级以上气象主管部门责令限期拆除、改正；情节严重又拒不改正的，可以并处五千元以上五万元以下罚款。

第二十三条 当事人对行政处罚决定不服的，可以依法申请行政复议或者提起行政诉讼。

第二十四条 气象工作人员和其他有关国家工作人员玩忽职守，导致重大漏报、错报或者贻误公众气象预报、灾害性天气警报等事故，或者丢失、损坏原始气象探测资料、伪造气象资料的，依法给予行政处分；导致国家利益和人民生命财产遭受重大损失，构成犯罪的，依法追究刑事责任。

第九章　附　则

第三十五条　本报条例自 1998 年 10 月 1 日起施行。

附录 3

云南省气象灾害信息员管理办法(暂行)

第一章 总 则

第一条 为认真做好气象预警信息传播和气象灾情收集工作,规范气象灾害信息员(以下简称信息员)的管理,特制定本办法。

第二条 凡云南省气象主管机构聘用的信息员,应当遵守本办法。

第二章 信息员聘任与解聘

第三条 信息员的聘任遵循单位推荐、主管机构认可、本人自愿的原则。

第四条 每个乡镇、村委会、社区、企业、学校、水库至少聘任一名信息员。

第五条 信息员一经聘任,须签订协议、颁发聘书。

第六条 信息员的任职条件:

(一)关心气象工作,热心公益事业;

(二)长期在责任区工作或居住,和责任区联系较多,熟悉责任区内情况;

（三）拥有中国移动或中国联通手机，或拥有中国电信固定电话；

（四）身体健康并有适当交通工具，能够及时传播气象预警信息和对气象灾情展开调查；

（五）第一学历一般在高中以上，年龄一般在50岁以下。

第七条　信息员因工作变动或其他原因无法履行职责时应及时向气象主管机构报告，各乡镇、村委会、社区、企业、学校、水库应及时推荐新的合适人选。

第八条　信息员聘期为两年，由气象主管机构根据工作情况给予解聘或续聘。

第九条　对违法乱纪、开展工作不力、不能履行职责的，应及时予以解聘。

第三章　信息员权利与义务

第十条　信息员的权利：

（一）免费获取气象预警信息；

（二）免费参加气象灾害预警信号识别与防御、气象灾害调查方法及其他相关科普知识的培训，并获取相关培训资料；

（三）其本人或直系亲属可优先参加各级气象主管机构组织的各类有关活动。

第十一条　信息员的义务：

（一）手机24小时开机，若手机号码发生变更，应及时将新号码报当地气象主管机构；

（二）负责将收到的气象预警信息传递给责任区内的社

会公众，努力减轻气象灾害造成的人员、财产损失；

（二）负责对责任区内发生的气象灾害进行调查，并将灾情信息上报到市、县级气象主管机构；

（三）负责协助气象主管机构人员赴现场进行灾害调查和鉴定；

（四）协助做好气象法律法规、气象科普知识、气象灾害防御知识的科普和技术咨询等；

（五）协助做好其他有关气象工作。

第四章　信息员培训

第十二条　各级气象主管机构应积极创造条件开展信息员培训工作，使信息员具备履行职责所应具备的素质。

第十三条　信息员每两年至少参加一次培训。

第十四条　信息员的培训采用集中的方式进行。

第十五条　信息员培训的内容主要为气象灾害预警信号识别与防御、气象灾害调查方法及其他相关知识等。

第五章　信息处理

第十六条　市、县级气象主管机构应确保气象预警信息及时传递到所属信息员手中。

第十七条　市级气象主管机构应设立信息员免费报灾电话，并安排人员24小时值守。

第十八条　信息员接到预警信息后，应通过短信、广播、板报、电话、敲锣打鼓、上门通报等方式，1小时内将预警信息传递到责任区公众手中。

第十九条 信息员认为或者确认有气象灾害发生，应在确保自身安全的情况下尽快赶往灾害发生地开展灾情调查，并将灾情信息通过免费电话等方式于24小时内据实上报到当地气象主管机构。

第二十条 上报的灾情信息应包括灾害发生的时间、地点、种类、人员伤亡和财产损失等主要内容。

第二十一条 市、县级气象主管机构值班人员收到上报的灾情后应认真进行分类记录，尽快安排市、县级气象主管机构进行核实；当灾情显示有人员伤亡或灾害可能加剧时，应立刻向主要领导报告。

第六章 附 则

第二十二条 各级气象主管机构应根据云南省政府办公厅《贯彻国务院办公厅关于进一步加强气象灾害防御工作意见的通知》(云政办发〔2008〕11号)文件精神积极向当地政府申请信息员培训、预警信息传播等相关经费。

第二十三条 信息员工作考核由所在县级气象主管机构负责。要制定科学的考核办法，对认真负责、工作成绩突出的信息员，气象主管机构应向当地政府推荐给予表彰或奖励。

第二十四条 本办法自下发之日起执行，由云南省气象局应急办负责解释。

附录 4

云南省人工影响天气高炮火箭作业安全规范

第一章 制度建设

第一条 地、县级人工影响天气办公室(以下简称人影办)负责制定本地县的人工影响天气值班制度、岗位职责、弹药管理办法、设备仪器的管理办法等,并遵照执行。

第二条 地、县指挥中心的值班制度、岗位职责和作业指挥图要求书写制作整齐,统一贴挂。

第三条 固定作业点的值班制度、岗位职责和射击方位图要求书写制作整齐,统一贴挂。

第四条 地级人影办每年应组织作业人员上岗前的培训(复训),新作业人员考核合格后发给上岗证。

第五条 地县人影办每年作业结束后应对作业人员进行考核,认真填写“考核登记”。

第二章 作业点建设

第六条 作业点设置尽量避开空中走廊、航线、城镇、油库、重要电力设施和国道。

第七条　作业点视野开阔，出炮口弹道上不得有障碍物（电杆、电线、树木、建筑物等）；作业场地周围应设立警戒标志和允许射击方位标志。

第八条　作业点必须做到通信畅通（以无线通信电台为主、有线电话为辅）。

第九条　固定作业点应安装防雷设施。

第十条　固定作业点应按两库（炮库、弹药库）、两室（值班室、休息室）、一台（作业平台）的标准建设。

第十一条　每个火箭作业点的作业人员不少于 3 人，每个高炮作业点的作业人员不少于 4 人。每个作业点指派 1 人任点长。

第三章　空域安全

第十二条　地级人影办应在进点前 15 天把本行政区当年的作业计划上报省人影办。作业计划包括作业时段、作业点（含流动作业点）的编号、所在地名称、经纬度、海拔高度、作业工具、通信工具。扑灭森林火灾等紧急任务，可在作业前上报，经批准后方可实施。

第十三条　地（或县）级指挥中心负责向航空管制单位申请作业空域和时段，待批准后方可作业，作业完毕应立即回复，不允许超时作业；通信联络中断时，应立即停止作业；未经航空管制单位同意，严禁擅自作业。

第十四条　在实施作业时应随时观察空中动态，若听到飞机声或看到飞机应立即停止作业。

第十五条　值班人员应认真做好空域申请记录。

第十六条 作业点、指挥中心、航空管制单位三者之间的空域信息传递，均用无线或有线双向语音传输，不得使用传呼机、气象警报网、明码电报等。

第四章 作业安全

第十七条 指挥人员和作业人员经地级以上人降办培训，取得上岗证后方能上岗。

第十八条 作业前对作业现场进行安全检查，排除危及或干扰作业安全的因素，不允许无关人员在作业场地附近围观、操作人员应戴安全帽，穿绝缘鞋。

第十九条 高炮、火箭射击仰角应限制在45°～80°，发射方向应在射击方位图界定的范围内。严禁向城镇、油库、重要电力设施和国道方向射击。高炮作业时可参照人工增雨防雹等时弹道曲线图和人工增雨防雹炮弹炸点高度与水平距离表。

第二十条 每次作业前应对高炮、火箭架进行安全检查，确认无故障后方可作业。作业时一旦发现故障，应立即停止作业，排除故障后再行作业。

第二十一条 作业前应认真检查弹药，若炮弹有裂纹、变形、锈蚀、引信封帽松动，火箭弹有松动、形变、尾翼断裂等均不得使用。弹药在搬运、装填过程中，应轻拿轻放。严禁碰撞炮弹的弹头和底火部位。不得使用过期弹药。

第二十二条 作业中出现的哑弹应尽可能地收回，妥善保管，统一处理。

第二十三条 每次作业后应清理作业场地，开箱未使用的弹药按原样装箱入库。开封的炮弹应在短期内使用完毕。已使用的弹药应做详细记录。

第二十四条 每次作业后及时维护高炮、火箭发射装置;不作业时穿上炮(架)衣。

第二十五条 如果作业中发生重大意外事故,应立即向当地政府主管领导(或部门)报告,同时报省人影办。

第二十六条 各级人影办应为作业人员及有关人员办理人身意外伤害保险。

第五章 高炮、火箭发射装置的管理

第二十七条 地、县人影办办购置高炮和火箭发射装置,应报省人影办审查批准,并按规定办理手续。不允许个人购买和拥有高炮及火箭发射装置。

第二十八条 高炮、火箭发射装置应有专用库房。

第二十九条 不允许私自转让或借用高炮及火箭发射装置,确需调配的,地区内需经地级人影办批准,地区间和省之间需经省人影办批准。

第三十条 高炮、火箭发射装置只能用于人工影响天气作业、汇报表演、检修后试炮、操作人员实弹训练和考核。

第三十一条 人工影响天气作业使用的高炮,实行使用许可证制度。每年作业前,省人影办组织高炮年检,对合格的高炮核发使用许可证,并建立高炮档案。经检修仍达不到规定标准的不得使用。

第二十二条 每年进点前对高炮、火箭发射装置进行检查,无故障后方可进入作业点;作业结束后维修保养,入库保管,高炮垫高炮脚,轮胎离地。

第二十三条 高炮进出作业点或长途运输时,应事先做好安全检查。牵引高炮最高时速为:一级公路或柏油路 30 km(千米)/h(小时),沙石路 25 km(千米)/h(小时),乡村土路 15 km(千米)/h(小时),牵引车不得急拐弯或挂炮倒车。

第六章 弹药安全

第三十四条 全省使用的弹药按中国气象局规定,由省人影办统一订购。各地按时上报用弹计划,不得自行向生产单位购买。

第三十五条 严禁私自借用和倒买倒卖弹药,如需借调时,地区内需经地级人影办批准,地区间和省之间需经省人影办批准。

第三十六条 炮弹、火箭弹只能用于人工影响天气作业、试炮、实弹训练、考核和表演,不得挪作他用。

第三十七条 对过期的、异常的弹药及哑弹应造册登记,妥善保管,统一销毁。任何人不得私自拆卸或转送。

第三十八条 省、地、县人影办的弹药应储存于正规的专用弹药库房中(如武装部门和部队的弹药库)。作业点的弹药应单独存放,不得存放在生活用房和值班室。

第三十九条 弹药库房应远离火源,远离居民区、工业设施、油库、交通枢纽等重要设施。

第四十条 库房应具备防火、防潮、防雷、防静电、防盗等条件,温度控制在 0～35℃,相对湿度不大于 80%。

第四十一条 进入库房不得携带任何引火源,严禁吸烟。

第四十二条 弹药码垛不超过 2 m，摆放平稳、整齐，严禁与发射药、雷管等易燃易爆物同库存放。

第四十三条 购买弹药必须持有当地公安机关的爆炸物品准购证、准运证。

第四十四条 运输弹药的车辆应有防雨、防晒设备。弹头的朝向应与汽车行驶方向垂直。不得混装其他物品及搭载无关人员，应有专人押运。汽车行驶速度二级公路以上不大于 40 km/h，沙石路不大于 30 km/h，乡村土路不大于 20 km/h。

第四十五条 正常储存条件下，炮弹的有效期限为五年，火箭弹为三年。

第四十六条 建立弹药专用账本，有专人负责管理，进出库手续齐全。

第七章 附 则

第四十七条 本规范所称的高炮是指用于人工影响天气的双管、单管“三七”高炮；火箭发射装置是指人工影响天气专用的火箭发射系统；弹药是指人工影响天气专用的三七炮弹和火箭弹。

第四十八条 本规范由云南省人工降雨防雹办公室负责解释。

第四十九条 本规范自下发之日起执行。

附录5

人工增雨防雹“三七”高炮安全操作程序

“三七”高炮是人工增雨防雹作业的主要装备，为了保证能安全、高效地发挥效益，按有关技术规定，制定以下操作程序：

一、“三七”高炮放列(落炮)操作

1.解开炮衣；

2.打开炮身支架固定器，转高低机赋予炮身45度，再将支架转到后车体后方，安上卡环；

3.转动炮脚固定器转把，打开左右炮脚；将规正螺杆收到位；

4.将行军指标转为战斗状态(其尖端指向后车体)，再将牵引杆接到连接轴上，使牵引杆和前轴联为一体；

5.前后炮各两人，把好牵引杆和炮身支架，打开前后车体两个制动开关(转把从“关”转到“开”位置)，然后，两炮手前后同时向里推炮身支架和推牵引杆到位后，管好制动开关(固定在“关”的位置)；

6.解脱牵引杆支架，炮身支架向前后，放下；

7.脱下身管衣和防火帽护套，台下炮衣支架；

8.转动规正螺杆的转把，使四个轮子离地；

9.概略规正炮床水平。

二、撤去“三七”高炮的操作(起炮)

1.杠起螺杆收到位，将炮身收到45度，转方向机，使炮身对向后车体；

2.练好牵引杆、炮身支架；

3.前后各两人，把好牵引杆和炮身支架，打开制动转把，前后两人同时向外用力搬动牵引杆和支架，到位后，关好制动转把，解开牵引杆支杆，将行军指标转为行军位置，收回并固定好炮脚；

4.用炮身支架固定好摇架，穿上炮衣。

三、起落高炮时注意事项

为了安全起落高炮，必须引起高度重视

1.起落炮：班长指挥要准确，果断，炮手要听从指挥，动作准确，互相配合，防止混乱；

2.起落高炮时，牵引杆和炮身支架不准正对操作炮手头部和身体(防止伤亡事情发生)。

3.落炮时，操作人员的脚不准伸入杆履板下；

4.起落高炮时，注意行军，战斗变换器开关位置(落炮时在战斗位置，起炮时在战斗位置，起炮后在行军位置)；

5.单“三七”高炮的放列和撤起，推动牵引杆和支架的方向与双“三七”高炮相反。

四、射击前的准备和检查

(一)高炮的作业状态

高炮成作业状态，规正炮床水平。

(二)检查自动发射机构

1.炮身：身管固定情况，防火帽固定情况，炮膛擦拭情况；

2. 炮闩：抽筒子的动作情况，击针突出量，闭锁器情况；

3. 检查驻退液是否变质、足够；

4. 检查自动机联动动作，压弹机、输弹机、拨弹器、制动器、发射机各部件应该固定确实，完好无损。

（三）检查弹药

炮弹应该擦拭干净，完好无损，用多少，开封多少，不能暴晒，不能零散，有下列情况的，严禁射击。

1. 引线盖损坏，或撞击过的；

2. 引信未拧紧；

3. 弹丸在药筒上倾斜或晃动的；

4. 药筒上有裂缝的；

5. 药筒上有损坏、压坑影响入膛的；

6. 底火凹入量低于 0.5 mm（毫米）的。

五、射击中的注意事项

1. 注意后座长度是否正常，后座距离应该在 150～180 mm（毫米）之间，超过 185 mm（毫米）的，应该停止射击，小于 150 mm（毫米）的，能完成自动动作，可连续射击；

2. 击中，应该注意规正炮床水平；

3. 击中出现故障，如故障少，能自行排除的，先关保险，打高射角，再检查，排除故障（见高炮的退弹操作）。对于较大的故障或事故，不能自行解决的，向上级反映；

4. 恶性事件，及时救护伤员，向上级报告情况，保护好现场，等待上级检查、分析、处理。

六、“三七”高炮的退弹操作

（一）射击停止后，为保障安全和便于擦拭，应及时退弹，其方法如下：

1. 关闭“保险”将保险机转到“保险”位置；

2. 将炮身打到45度以上；

3. 用退弹器，将炮弹从后压弹机内取出；

4. 手拉握把刀后握把扣内，使输弹钩进入输弹机滑动孔扩张部，同时将炮弹从输弹机上取出。为防止碰伤炮弹，应用手从后壁处接住。将保险转到“解脱”位置，脚踩击发，慢慢放回握把，这样可减少机件不必要的冲击和磨损延长机件使用寿命。

5. 将握把放到前握把扣中；

6. 用手向上或向下拉动开闩盖，压外侧压板关闩并击发(单“三七”高炮向下压，双“三七”高炮向上抬)。

(二)出现故障时，如炮弹不发火而卡在药室中，则需要按下列顺序进行退弹：

1. 为防止迟发火事故，当炮弹不发火时，应等1～2分钟，然后退弹；

2. 关闭“保险”；

3. 将炮身打到45度射角；

4. 压弹机由炮弹器取出；

5. 手拉握把刀后握把后方，再将握把放在后握把扣内；

6. 用起子将炮弹从药室中撬出，并从输弹机上取出炮弹(如果取不出炮弹用擦炮杆安上铝退弹器从身管前方慢慢送入到药室，操作人员在身管的侧面向下用力推擦炮杆推出炮弹，若仍不能退出炮弹则采取查下身管排除卡弹故障)；

7. 将握把放到前握把扣中；

8. 用手向上或向下拉动压开闩盖外侧的压板，关闭击发。

七、射击后的处理检查

1. 验炮，检查药室中是否存有炮弹，防止二次出发；

2. 排除射击中出现的故障，做好再作业的准备；

3. 射击过的药筒应清点保管；

4. 将作业后拆开的炮弹装入炮弹箱内；

5. 擦拭身管、炮闩、装填机等处（注意下雨时，也必须先擦拭身管）；

6. 填写高炮履历，按要求填写弹药消耗数，发现故障及损坏情况记录在履历书上。

（摘自：云南省曲靖市人工增雨防雹办公室人工增雨防雹法律法规及教材汇编）

附录6

DAB卫星数字音频广播预警信息接收机功能介绍

一、DAB卫星数字音频广播预警信息接收机功能要求

1. 电源部分

(1)接收机使用外接交流电源供电,在无交流电源时,使用可充电干电池供电(外加电池盒),必须支持可充电干电池。

2. 音频部分

(1)内置扬声器,可以播放语音。

(2)带耳机接口,接口类型为3.5mm接口。

(3)调节接收机音量。

3. 显示部分

(1)显示屏带背光显示功能。

(2)可显示当前电池剩余电量(外接交流电时则显示交流电图标)、当前卫星信号强度、当前时间(包含年、月、日、时、分)。

(3)可以显示预警信息文字,每屏可同时显示20个汉字以上。

4. 接收机面板

(1)接收机面板带有上、下、左、右以及“菜单/确定”等几

个按钮。

(2)可以通过面板按钮对菜单项进行上下左右移动和选择,对本机地址码进行设定、并且可以进行音量调节以及其他设置。

5.外置接收天线

(1)接收天线可方便地调整天线仰角及方位角。

(2)接收天线的射频电缆长度不小于10米。

6.预留数据接口(此功能为高级选项)

(1)接收机带USB接口(接口类型为Mini USB接口,支持USB2.0)或串口。

(2)接收机可通过USB接口或串口与PC机相连,可将接收到的预警信息数据直接通过数据接口输出,外部程序可通过数据接口读取接收机内存储的信息,并对接收机参数进行设定和对接收机软件进行升级。

7.提示功能

(1)接收机带有五个告警灯,分别为红、橙、黄、蓝、绿五种颜色,可根据不同预警信息级别亮起对应颜色的告警灯。

(2)接收机内置蜂鸣器可发出提示音。

(3)接收机带有语音模块,可对接收到的文字信息进行中文普通话的朗读。

(4)提示方式:

· 红色警报

红灯长亮

蜂鸣器长鸣

语音自动输出(用户不进行干预,应连续进行语音输出)

屏幕有未读信息显示

- 橙色警报

  橙灯长亮

  蜂鸣器长鸣

  语音自动输出(自动输出一次,但蜂鸣器应长鸣)

  屏幕有未读信息显示

- 黄色警报

  黄灯长亮

  蜂鸣器长鸣

  语音自动输出(自动输出一次,但蜂鸣器应长鸣)

  屏幕有未读信息显示

- 蓝色警报

  蓝灯长亮

  蜂鸣器长鸣

  语音自动输出(自动输出一次,但蜂鸣器应长鸣)

  屏幕有未读信息显示

- 其他级别

  绿灯长亮

  蜂鸣器不鸣叫

  屏幕有未读信息显示

  以上各类警报信息查看后指示灯不再闪亮,并且蜂鸣器不再鸣叫。

(5)当接收机正在进行语音朗读时,如果收到新的预警信息(需要自动进行语音输出的),如果新信息的警报级别不高于当前信息,接收机应在完成本次语音朗读之后,立即对新信息进行语音输出;如果新信息的警报级别高于当前信息，应立即中断当前的语音朗读，对新信息进行语音输出。但原有信息的未读状态及未读提示信息不应改变。

8.支持的信息类型

接收机可接收文字信息（GB2312 简体中文＋ASCII 码），并在屏幕上进行显示，屏幕上只显示正文部分信息，报头信息不显示。

9.信息存储及查看

（1）接收机只按预警级别分类存储红色、橙色、黄色、蓝色及绿色五种级别的预警信息。

（2）每级信息可存储 100 条以上信息，存储容量大于等于 512k 字节。

（3）用户可对信息进行逐条查看，并可移动光标进行翻页。

（4）用户可手动删除已存信息，当存储容量达到上限后，接收到的新信息会自动替代本预警信息级别中的最前一条的旧信息。

10.设置本机地址码功能

（1）接收机可按照本机设定的本机地址码接收相应区域的警报信息，每台接收机最多可设置 5 个本机地址码。可通过接收机前面板的按钮或连接计算机进行设置，在出厂设置时，接收机本机地址码只有第一个是设为“00000000000099”，可接收所有预警信息，其余四个地址码均为关闭状态。

（2）每个地址码由 14 位十进制数字组成，按照行政区划编码规则进行编码。

注意：当 G_1G_2＝00 时，表示接收全国范围的预警信息，

当 $G_3G_4=00$ 时，表示接收全（省、自治区、直辖市）范围的预警信息，依此类推。

（3）当所发布的预警信息内的地址码所辖范围包含了接收机所设置地址码范围时，接收机应接收此预警信息。当所发布的预警信息内的地址码所辖范围被接收机所设置地址码所辖范围包含时，接收机应接收此预警信息。

11. 其他功能

（1）接收机工作过程中，当射频信号渐弱以至影响正常接收时，接收机应当能够以某种方式提示用户

（2）接收机应具有能够直观的表示设备是否开机的指示标志

二、接收机的安装及调试

调试天线的最基本的方法：

1. 先将天线接连到接收机上；

2. 将接收机外接电源接好；

3. 打开接收机电源，等待接收机进入接收状态（开机 20 秒）；

4. 此时调整天线，观察接收机左上角的天线信号的强度变化；

5. 如果看到强度显示满格，则为最好接收状态，记住此时天线的方位角、仰角位置并将其固定；

6. 对于有些地区，不一定都能调到信号满格状态，但不会影响预警信息的正常接收，但也应将天线信号强度调整至尽可能高的状态，以确保在各种气候条件下，预警机都能正常工作；

7. 当天线接收到卫星信号且信号强度能保证预警机能

正常工作时，面板上的绿色信号指示灯开始闪亮。但此时尚需将天线信号强度调整至尽可能高的状态，以确保在各种气候条件下，预警机都能正常工作。

注意：由于接收机接收的是数字信号，接收机在处理信号时需要较长时间，所以接收机在反应信号强度时较为缓慢。因此在移动天线角度与位置时，动作要缓慢。